复杂地质条件下
岩土工程勘察技术的运用

丁相军　朱强伟　崔文泰　著

哈尔滨出版社

HARBIN PUBLISHING HOUSE

图书在版编目（CIP）数据

复杂地质条件下岩土工程勘察技术的运用 / 丁相军,
朱强伟, 崔文泰著. -- 哈尔滨：哈尔滨出版社, 2025.1
　ISBN 978-7-5484-7945-1

　Ⅰ. ①复… Ⅱ. ①丁… ②朱… ③崔… Ⅲ. ①岩土工
程 – 地质勘探 – 研究 Ⅳ. ①TU412

中国国家版本馆CIP数据核字(2024)第110902号

书　　名：复杂地质条件下岩土工程勘察技术的运用
　　　　　FUZA DIZHI TIAOJIAN XIA YANTU GONGCHENG KANCHA JISHU DE YUNYONG

作　　者：丁相军　朱强伟　崔文泰　著
责任编辑：刘　硕
封面设计：蓝博设计

出版发行：哈尔滨出版社（Harbin Publishing House）
社　　址：哈尔滨市香坊区泰山路82-9号　　邮编：150090
经　　销：全国新华书店
印　　刷：永清县晔盛亚胶印有限公司
网　　址：www.hrbcbs.com
E-mail：hrbcbs@yeah.net
编辑版权热线：（0451）87900271　87900272
销售热线：（0451）87900201　87900203

开　　本：710mm×1000mm　1/16　印张：13.75　字数：215千字
版　　次：2025年1月第1版
印　　次：2025年1月第1次印刷
书　　号：ISBN 978-7-5484-7945-1
定　　价：68.00元

前言/PREFACE

  地球上存在一个复杂多变的系统，其地质条件对岩土工程的影响不容忽视。在岩土工程勘察中，充分理解并应对复杂地质条件带来的挑战，是确保工程安全与可靠的关键。本书旨在深入探讨在这样的背景下，如何运用先进技术与方法进行岩土工程勘察，以提供实用指导并应对挑战。

  在本书中，我们系统地介绍了地质条件与岩土工程勘察的基本概念，包括地质条件对岩土工程的影响、岩土工程勘察的定义与目的及复杂地质条件下的挑战与需求。随后，我们深入探讨了各种勘察方法与技术，包括岩土地质调查方法与技术、地球物理勘探技术、遥感技术，以及地下水勘察等。我们重点关注了这些技术在复杂地质条件下的应用，通过案例分析与理论探讨，揭示了其在实际工程中的作用与意义。

  此外，本书还特别强调了岩土勘察技术的创新。我们介绍了先进的勘察工具与设备的应用，以及技术创新对岩土工程勘察的影响。通过引入新技术与方法，我们期望能够提高勘察的效率与准确性，从而为工程设计与实施提供更可靠的数据支持。

  数据处理与风险评估是岩土工程勘察中至关重要的环节。因此，本书也着重介绍了数据处理与风险评估的方法与策略，旨在帮助读者更好地管理与处理数据，并有效评估工程的风险。

  最后，本书还介绍了岩土工程勘察报告的编制与实际应用，强调了勘察报告在工程实施中的重要性。通过合理编制与有效利用勘察报告，我们可以为工程项目提供可靠的依据与指导，确保工程的顺利进行与安全完成。

  在撰写本书的过程中，我们汇聚了众多专家学者的智慧与经验，力求为岩土工程领域的专业人士提供一本全面、实用的参考书。我们希望本书能够成为岩土工程勘察领域的一部权威之作，为读者提供关于复杂地质条件下岩土工程勘察技术的全面指导。

最后，我们衷心感谢所有为本书提供支持与帮助的人，在此向他们致以诚挚的谢意。同时，我们也期待读者能够从本书中获得启发与收获，为岩土工程领域的发展与进步贡献自己的力量。

目录／CONTENTS

第一章

地质条件与岩土工程勘察的基本概念

第一节 地质条件对岩土工程的影响

一、地质条件概述

（一）地质条件的定义

作为岩土工程中至关重要的概念之一，地质条件涵盖了地球表面和地下各种地质要素在空间分布上的状态和特征。这些地质要素包括但不限于地层构造、地形地貌、岩性构造以及地下水位等。地质条件的特征与分布直接影响着工程建设的设计、施工和运营阶段，因此对其深入理解与评估具有重要意义。

地层构造作为地质条件的重要组成部分之一，指的是地球内部岩石的分层结构及其构造形态。不同地质时期形成的地层构造具有不同的特征，如折叠、断裂、褶皱等。这些特征直接影响着岩土工程中地层的稳定性和变形特性。了解地层构造的分布和变化规律，对工程地质勘察和设计具有重要指导意义。

地形地貌是地质条件中的另一个重要方面，描述了地球表面形态的特征和分布。地形地貌的起伏和坡度影响着水文地质特征和地下水的流动方向，对工程的排水和稳定性具有重要影响。同时，不同地形地貌类型对工程建设的适用性和施工难度也存在差异，因此在勘察和设计中需要充分考虑地形地貌的特征。

岩性构造是地质条件中的重要组成部分，指的是地球内部岩石的组成和结构特征。岩石的类型、密度、强度等特性直接影响着工程的岩土材料选择、开挖施工和支护设计。不同岩性构造的岩石具有不同的工程性质，因此在勘察和设计中需要对其进行详细的分析和评估。

地下水位作为地质条件的重要指标之一，描述了地下水位的高低和分布。地下水位的高低影响着土壤的稳定性、基础的承载能力以及地下水对工程结构的侵蚀和破坏。因此，在岩土工程勘察和设计中，需要对地下水位进行准确的测量和分析，并采取相应的排水和防水措施。

地质条件作为岩土工程中的重要考虑因素，对工程建设的安全性、可靠性和经济性具有重要影响。深入理解和评估地质条件的特征和分布，对于科学合理地开展工程勘察、设计和施工具有重要意义。

（二）地质条件的多样性

地质条件的多样性体现在地球表面和地下的各种地质要素在空间分布上呈现丰富多变的特征，具有较大的差异性和复杂性。这种多样性主要表现在地质构造、岩土性质和地形地貌等方面，对工程建设和自然环境具有重要影响。

1.地质构造的多样性

地质构造是指地球内部岩石在空间上的分布状态和形成结构，主要包括地层构造、断裂构造、褶皱构造等。不同地区的地质构造形态千差万别，如平原、山地、高原、盆地等，各具特色。例如，位于板块边缘的地区常常具有较为复杂的地质构造，如剪切断裂、隆起和坳陷等现象普遍存在；而地处板块内部的地区地质构造相对稳定，地层分布较为规整。地质构造的多样性直接影响着地下岩土的分布、稳定性和工程开发利用的难易程度。

2.岩土性质的多样性

岩土性质主要包括岩石的种类、成分、结构、力学性质等。不同地质条件下的岩土性质存在着显著的差异。例如，火山岩、沉积岩、变质岩等岩石类型具有不同的物理特性和力学性质，会对工程的承载能力和稳定性产生不同影响。此外，土壤的类型、密度、含水量等参数也是岩土工程中需要考虑的重要因素之一。不同地质条件下的土壤性质差异很大，从沙质土到黏性土、从砂岩到泥岩，岩土性质的多样性对工程施工和设计提出了挑战。

3.地形地貌的多样性

地形地貌是地球表面形态的综合体现，包括山地、平原、丘陵、河谷、峡谷等地貌类型。不同地区的地形地貌受地质构造、地质运动和水文作用等因素的影响，呈现多样性和复杂性。例如，山地具有陡峭的坡面和复杂的地貌起伏，地势起伏较大，对于工程建设的路线选择、隧道和桥梁的设计具有挑战性；而平原地区地形平坦、水系发达，适宜农田开发和城市建设。地形地貌的多样性直接影响着水文地质特征、地下水的分布以及地表径流的形成，对工程设计和生态环境保护都有重要影响。

二、地质条件对工程的影响

（一）地基稳定性

1. 地层的坚硬程度

地层的坚硬程度在岩土工程中是一个重要的地质特征，对工程的承载能力和稳定性具有直接影响。地层的坚硬程度主要取决于其岩石或土壤的物理性质和力学性质，包括密实程度、固结状态、岩土类型等因素。

首先，对于岩石层而言，其坚硬程度取决于岩石的种类、成分、结构和风化程度等因素。一般来说，坚硬岩石（如花岗岩、砂岩、片麻岩等）具有较高的抗压强度和硬度，地基在其上的承载能力相对较强。相反，软弱岩石如页岩、泥岩等则较容易受到侵蚀和破坏，对地基的承载能力较低。

其次，土壤层的坚硬程度与其固结状态、含水量、颗粒结构等有关。密实、干燥的土壤通常较为坚硬，承载能力较强，适合作为地基使用；而松散、湿润的土壤则较为软弱，承载能力较低，容易发生沉陷和变形。

地层的坚硬程度直接影响着地基工程的设计和施工。在实际工程中，工程师需要通过地质勘察和实验室试验等手段，准确评估地层的坚硬程度，并根据工程要求选择合适的基础类型和加固措施。对于坚硬的地层，可以采用较为简单的承载结构，如浅基础或简单桩基础；而对于软弱的地层，则需要采取加固措施，如灌注桩、桩筏基础等，以提高地基的承载能力和稳定性。

2. 岩土层的分布

岩土层的分布是岩土工程中至关重要的地质特征之一，对地基的稳定性和变形特性具有重要影响。这种分布的不均匀性和特殊性往往是地质条件复杂地区的显著特征之一。

一是，岩土层的分布不均匀性可能表现为地质构造的复杂性。在地质构造活跃、地形变化剧烈的地区，岩土层可能呈现断层、褶皱、隆起等复杂的构造特征，导致地下岩土层的分布不规则，地基的承载能力和变形特性难以统一预测。

二是，岩土层的分布不均匀还可能受到地质过程的影响。例如，河流、湖泊等水体的侵蚀作用，以及风化作用、冰川作用等地质过程可能导致地层的剥蚀、沉积等变化，使得地下岩土层的分布呈现一定的复杂性和不规则性。这种不均匀的分布会导致地基的局部承载能力差异较大，增加了地基变形的风险。

三是，岩土层的分布还受到地质历史演化和地质构造变动的影响。在长期的地质演化过程中，地下岩土层可能经历了多次的变形和运动，形成了复杂的地层结构和分布格局。这种复杂的地层分布往往会给地基工程带来挑战，需要充分考虑地质历史演化的影响因素，制订合理的工程设计方案和地基加固措施。

3.地下水位

地下水位的高低对地基的稳定性和工程的安全性有着重要的影响。地下水位指的是地下水面相对于地表的高低位置，是岩土工程中必须重点考虑的地质因素之一。

首先，地下水位较高时，会使土壤处于饱和状态，从而降低了土壤的抗剪强度和承载能力。由于地下水对土体的支撑作用，土体的内摩擦角和剪切强度会显著降低，地基的稳定性受到影响，容易发生沉陷和变形现象。特别是在软弱土层或者有机质含量较高的土壤中，地下水位的升高会加剧土体的液化和流变特性，进一步增加了地基的变形风险。

其次，地下水位较低时，土壤会处于相对干燥的状态，导致土体的收缩和开裂。在干燥条件下，土体中的水分含量减少，土体容易发生干缩现象，从而引起地基的下沉和开裂。尤其是在黏性土或者含有膨胀性矿物的土壤中，地下水位过低会导致土体的干缩膨胀循环，加剧了地基的变形风险。

（二）工程施工难度

1.地层的坚硬程度

地质条件中地层的坚硬程度直接影响工程施工的难度。例如，如果地层为坚硬的岩石层，则需要采用爆破等特殊施工工艺进行开挖，施工周期和成本较高；而如果地层为软弱的土壤层，则可以采用挖掘机等常规设备进行开挖，施工难度较低。

2.地形的复杂程度

地层的坚硬程度是岩土工程施工中一个重要的地质条件，直接影响着施工的难度和成本。具体而言，地层的坚硬程度可以分为坚硬的岩石层和软弱的土壤层两种情况，它们在施工过程中呈现不同的特点和挑战。

第一，当地层为坚硬的岩石层时，施工面临诸多挑战。这种地层通常需要采用特殊的施工工艺和设备来进行开挖和处理。例如，常常需要使用爆破技术进行岩石的破碎和开挖，或者使用钻孔、切削等机械设备进行处理。这些施工方法需要投入大量的人力、物力和时间，增加了工程施工的难度和复杂性。同时，由于岩石的硬度较高，施工过程中会增加设备的磨损，提高了施工的成本和风险。

第二，当地层为软弱的土壤层时，施工的难度相对较低。这种地层可以使用挖掘机等常规设备进行开挖，施工过程较为简单。由于土壤可塑性较高，可以较容易地进行挖掘和处理。然而，软弱的土壤层也可能存在着其他问题，如地基沉降、土壤液化等，需要施工人员采取相应处理措施。

（三）地质灾害风险

1.地质灾害的发生和规模

地形的复杂程度在岩土工程施工中扮演着重要角色，直接影响着工程施工的难度和效率。不同地形条件下，施工所面临的挑战和需要采取的措施也各不相同。

在地形起伏较大、沟壑纵横的复杂地区，施工难度较大。这样的地形特点会导致以下几个方面的问题：

首先，复杂地形会增加施工道路的建设难度。在山区或丘陵地带，可能需要修建大量的山路或者通过崎岖的山路运输工程设备和材料。这会增加施工成本和时间成本。

其次，复杂地形可能会影响施工设备的运输和操作。地形的陡峭或不规则性可能会限制大型施工设备的通行，需要采取额外的措施或者使用特殊的设备进行施工。

再次，复杂地形还可能增加工程施工中的安全风险。例如，在峡谷或者悬崖边施工时，存在坠落和滑坡等风险，需要加强安全防护措施，增加工程管理的难度。相反，地形平坦、无明显障碍物的地区则施工难度较低。在这样的地区，施工道路的修建相对容易，施工设备的运输和操作也相对简单。因此，工程施工的效率会大大提高。

2.工程安全风险

地质灾害是对工程安全构成严重威胁的因素之一，其影响主要表现在工程结构的破坏和人员安全的威胁。地质灾害包括滑坡、泥石流、地面沉降、地震等。这些灾害可能导致工程结构的损坏，甚至威胁人员的生命安全。

首先，地质灾害对工程结构的破坏是工程安全的主要威胁之一。例如，地震可能导致建筑物的倒塌，滑坡和泥石流可能冲毁道路和桥梁，地面沉降可能导致管道断裂等。这些灾害不仅会给工程造成直接的损害，还可能造成附加的经济损失和环境影响。

其次，地质灾害对人员安全构成威胁。工程建设过程中，工地周边的地质环境可能对施工人员的安全造成影响。例如，滑坡和泥石流可能会威胁工地附近的居民和施工人员的生命安全，地面沉降可能导致工地陷入险境。因此，保障施工人员的安全是工程建设过程中必须重视的问题之一。

为了确保工程的安全可靠，需要在工程规划和设计阶段充分考虑地质条件对地质灾害风险的影响，并采取相应的防护措施和安全预警机制。这包括对工程地质环境进行全面的调查和评估，制订合理的工程设计方案，选用适当的建设材料和技术，以及建立健全的安全管理体系。

在防灾减灾方面，可以采取一系列措施，如设置防护林带、加固工程结构、修建护堤、加强排水系统等。同时，利用现代化的技术手段，如地质灾害监测预警系统、遥感技术等，及时监测地质灾害的发生和演化过程，提前采取应对措施，最大限度地降低灾害造成的损失。

第二节　岩土工程勘察的定义与目的

一、岩土工程勘察概述

（一）岩土工程勘察的定义

岩土工程勘察是岩土工程领域中的重要环节，其定义涵盖了对工程地质条件和地下岩土状况进行全面调查和深入研究的过程。在岩土工程勘察中，工程地质条件包括地层构造、地质构造、地层性质等方面的内容，而地下岩土状况则包括土层分布、岩石性质、地下水情况等方面的内容。通过岩土工程勘察，工程师和研究人员可以获取到工程设计和施工所需的基本资料和参数，为工程项目的顺利实施提供了重要的技术支撑。

岩土工程勘察的过程包括对地质条件和岩土状况的实地调查和采样分析，以及对勘察数据的整理、分析和评价。实地调查通常包括地质地貌的观测、地层的钻探和取样、地下水的测定等工作，旨在全面了解勘察区域的地质情况和地下岩土特征。采样分析是指将采集到的地质样品送至实验室进行分析测试，以获取土壤和岩石的物理力学性质、化学成分、水文地质特征等信息，为工程设计提供可靠的依据。

岩土工程勘察的结果将直接影响工程设计方案的制订和施工工艺的选择。工程设计师根据岩土工程勘察的数据和分析结果，确定工程的地基处理方法、结构设计方案、施工工艺流程等，以确保工程的安全、稳定和经济。同时，岩土工程勘察也为工程施工提供了重要的技术支持和指导，为施工人员提供了必要的施工参数和施工方案，保障了工程施工的顺利进行。

总之，岩土工程勘察是岩土工程领域中不可或缺的一环，其重要性在于为工程设计和施工提供了可靠的地质数据和参数，为工程的安全、稳定和经济提供了保障。通过全面、深入的岩土工程勘察，可以有效降低工程风险，提高工程质量，实现工程项目的可持续发展。

（二）岩土工程勘察的重要性

1.岩土工程勘察是岩土工程设计和施工的前提和基础

岩土工程勘察是岩土工程设计和施工的前提和基础，其重要性不言而喻。岩土工程勘察的主要任务是全面、准确地了解工程所涉及的地质条件和地下岩土状况，为工程设计和施工提供基本数据和参数，以制订科学合理的设计方案和施工方案，确保工程建设的安全性和可靠性。

一是，岩土工程勘察为工程设计提供基本数据和参数。在进行工程设计之前，必须对工程所在地区的地质条件和地下岩土状况进行全面调查和研究。岩土工程勘察通过地质勘察、岩土力学试验等手段，获取地质地形、地下岩土分布、地下水位等方面的数据，为工程设计提供了必要的依据。这些数据和参数直接影响着工程设计的合理性和科学性，是制订设计方案的重要依据。

二是，岩土工程勘察为工程施工提供基础支持。在施工过程中，需要根据工程地质条件和地下岩土状况采取相应的施工措施和工艺。岩土工程勘察通过分析地质情况，确定施工方法和施工工艺，为施工过程提供了可行性和安全性的保障。同时，在施工过程中，随时监测地质环境的变化，及时调整施工方案，防止发生意外事故，确保施工的顺利进行。

总的来说，岩土工程勘察是岩土工程设计和施工的重要前提和基础，为工程建设提供了基本数据和参数，制订了科学合理的设计方案和施工方案。只有通过全面准确地勘察，才能保证工程建设的安全性、可靠性和经济性。因此，在岩土工程建设中，必须高度重视岩土工程勘察工作，确保其质量和效果，以保障工程的顺利进行和安全运行。

2.岩土工程勘察对工程的安全性具有重要影响

岩土工程勘察在工程建设中扮演着至关重要的角色，其对工程的安全性具有不可忽视的影响。通过对地质条件和地下岩土状况的全面调查和评估，岩土工程勘察为工程安全设计和施工提供了可靠的依据，从而直接影响着工程的稳定性和安全性，确保工程的可靠运行。

一是，岩土工程勘察可以全面了解地质条件和地下岩土状况。通过地质勘察、岩土力学试验等手段，可以获取地质地形、地下岩土分布、地下水位等重要信息。这些信息对于工程设计和施工具有重要指导作用，能够帮助工程设计人员充分了解工程所处地区的地质特征和地下结构，及时发现潜在的地质灾害隐患。

二是，岩土工程勘察可以及时发现和评估地质灾害风险。地质灾害是指由于地质条件导致的自然灾害，如滑坡、泥石流、地震等。通过岩土工程勘察，可以对地质灾害的发生概率、可能的影响范围等进行评估和预测，为工程安全设计提供科学依据。及时发现和评估地质灾害风险，有助于采取相应的防范措施，减少灾害造成的损失。

三是，岩土工程勘察的结果直接影响工程的稳定性和安全性。根据勘察结果，工程设计人员可以合理选择工程材料和施工方法，设计稳定可靠的工程结构，从而确保工程的安全运行。同时，在施工过程中，根据勘察结果进行监测和调整，可以及时发现和解决地质环境变化带来的安全隐患，保障工程施工的顺利进行。

3. 岩土工程勘察对工程的经济性具有重要影响

岩土工程勘察在工程建设中对经济性的重要影响不容忽视。通过对地质条件和地下岩土状况的全面评估和精确掌握，岩土工程勘察能够为工程设计和施工提供合理的技术支持，从而优化工程方案、降低建设和运营成本，提高工程的经济效益。

一是，岩土工程勘察有助于评估地质条件对工程建设的影响。地质条件的复杂性会直接影响工程的施工难度、材料选用、工程结构设计等方面，进而影响工程的成本。通过岩土工程勘察，可以充分了解地质条件对工程建设的具体影响，合理评估工程施工的难度和风险，为制订合理的工程方案提供依据。

二是，岩土工程勘察有助于优化工程设计方案。根据勘察结果，工程设计人员可以针对地质条件的不同特点，选择合适的工程材料、结构形式和施工工艺，从而实现工程设计的优化和经济性的提高。例如，在软弱地层选择合适的地基处理方法，可以减少地基处理成本；在岩石地层选择合适的爆破方案，可以降低岩石开挖成本。

三是，岩土工程勘察有助于降低工程建设和运营成本。通过充分了解地下岩土结构和地质特征，可以避免因地质条件不明导致的工程施工过程中的意外损失和额外成本。同时，在工程设计阶段针对地质条件合理选择施工方法和材料，可以降低施工成本，提高工程的经济效益。

4. 岩土工程勘察对工程的可行性具有重要影响

岩土工程勘察在工程项目可行性分析中扮演着至关重要的角色。通过对地质条件和地下岩土状况的全面评估，岩土工程勘察能够为工程项目的可行性提供科学依据，确保工程项目的顺利实施和成功达成预期效果。

第一，岩土工程勘察可以全面评估地质条件对工程项目的影响。地质条件的复杂性直接影响工程项目的可行性。通过岩土工程勘察，可以充分了解地质条件对工程施工、设计和运营的影响，包括地质灾害风险、地基承载能力、地下水位等因素，为工程项目的可行性分析提供重要数据支持。

第二，岩土工程勘察有助于识别工程项目的潜在风险和障碍。通过勘察结果，可以及时发现地下岩土的特殊性质和地质灾害隐患，从而评估工程项目的风险程度，并制定相应的应对策略，保障工程项目的顺利实施。这对于避免工程建设中出现重大问题、减少工程变更和延误具有重要意义。

第三，岩土工程勘察可以为工程项目的设计和预算提供准确的基础数据。通过对地下岩土结构、地质特征和地质灾害风险的深入了解，可以优化工程设计方案，合理预算工程造价，确保工程项目的经济可行性。这对于项目资金的合理利用和工程建设的顺利进行至关重要。

二、岩土工程勘察的基本目的与任务

（一）岩土工程勘察的基本目的

岩土工程勘察的基本目的在于为工程设计和施工提供必要的地质信息和技术支持，以确保工程的安全可靠性。在任何岩土工程项目中，对地质条件和地下岩土状况的全面了解是至关重要的。这种了解不仅是为了满足施工需求，更是为了确保工程在运营过程中的长期稳定性和安全性。

岩土工程勘察通过对地质条件的调查和分析，以及对地下岩土状况的研究，为工程设计和施工提供基本数据和参数。这些数据和参数包括地层构造、地质构造、地层性质、地下水位、土壤类型、岩石特性等，为工程设计和施工提供了重要的依据。通过对这些地质信息的准确获取和科学分析，工程设计师可以制订合理的工程设计方案，施工人员可以选择适当的施工工艺和方法，从而确保工程的顺利实施和长期稳定运行。

岩土工程勘察所提供的地质信息和技术支持不仅是对工程设计和施工的直接支持，更是对工程安全可靠性的保证。在岩土工程勘察的基础上，工程设计师可以更好地评估地质风险，制定相应的安全措施；施工人员可以更好地应对地质条件的挑战，确保工程的施工质量和安全。因此，岩土工程勘察在工程项目中扮演着至关重要的角色，其重要性不可忽视。

综上所述，岩土工程勘察的基本目的是为工程设计和施工提供必要的地质信息和技术支持，以确保工程的安全可靠性。通过对地质条件和地下岩土状况的全面调查和研究，岩土工程勘察为工程项目的顺利实施提供了可靠的技术支持和保障。

（二）岩土工程勘察的任务

岩土工程勘察的任务有地质条件调查、地下水情况调查、岩土层分析、地质灾害评估、地形地貌调查等。

1.地质条件调查

地质条件调查是岩土工程勘察的重要任务之一，旨在全面了解勘察区域的地质特征和地质构造，为工程设计提供重要依据。在进行地质条件调查时，勘察人员需进行以下工作：

（1）地层构造分析

勘察人员需要对地层的构造特征进行详细分析，包括地层的分布、倾角、厚度等情况。这有助于了解地下岩土层的分布情况和变化规律，为工程设计提供地质基础数据。

（2）地质构造调查

通过地质构造调查，勘察人员可以了解勘察区域的地质构造类型，如褶皱、断裂、岩性变化等情况。这些信息对于评估地层稳定性和工程设计的地质风险至关重要。

（3）地层性质分析

勘察人员需要对地层的岩性、密度、孔隙度等性质进行分析和评估。这有助于了解地层的物理力学性质，为地基处理和工程施工提供参考依据。

地质条件调查的结果直接影响工程设计的科学性和合理性，对于预防地质灾害、确保工程安全具有重要意义。

2.地下水情况调查

地下水情况调查是岩土工程勘察的重要内容之一，旨在全面了解地下水位、地下水流动情况和地下水化学成分等信息，为工程地基处理和施工工艺选择提供依据。在进行地下水情况调查时，需要进行以下工作：

（1）地下水位调查

勘察人员需要通过钻孔、地下水位观测井等方式，测定地下水位的深度和变化情况。地下水位的深浅直接影响地基的稳定性和施工难度，因此必须进行准确测定。

（2）地下水流动情况调查

勘察人员需要了解地下水的流动方向、速度和流量等情况。这有助于评估地下水对工程施工和运营的影响，采取相应的水文地质防护措施。

（3）地下水化学成分分析

勘察人员需要对地下水的化学成分进行分析和评估，包括水质、水中溶解物质的含量等。这有助于评估地下水的适用性和其对工程材料的腐蚀性，为工程设计提供参考依据。

地下水情况调查的结果对于工程地基处理、施工工艺选择和地下水资源保护具有重要意义。

3.岩土层分析

岩土层分析是岩土工程勘察的核心内容之一，旨在深入了解地下岩土层的物理力学性质、工程特性和工程用途，为工程设计和施工提供重要依据。在进行岩土层分析时，需要进行以下工作：

（1）物理力学性质分析

勘察人员需要对岩土层的物理性质进行分析，包括密度、孔隙度、抗压强度等。这有助于评估岩土层的承载能力和稳定性，为地基处理和工程结构设计提供参考依据。

（2）工程特性评价

勘察人员需要评价岩土层在工程中的特性和用途，包括可塑性、渗透性、膨胀性等。这有助于确定岩土层的适用范围和施工方法，确保工程的安全和稳定。

（3）工程用途分析

勘察人员需要分析岩土层在工程中的具体应用，如地基处理、基坑支护、地下结构设计等。这有助于确定岩土层的处理方案和工程设计方案，提高工程的施工效率和质量。

岩土层分析的结果直接影响工程的设计和施工效果，对于保障工程的安全和稳定具有重要意义。

4.地质灾害评估

地质灾害评估是岩土工程勘察的重要内容之一，旨在评估勘察区域可能发生的地质灾害类型及其潜在影响，为工程设计和施工提供安全预警和防护措施。在进行地质灾害评估时，需要进行以下工作：

（1）识别地质灾害类型

勘察人员需要识别可能发生的地质灾害类型，包括滑坡、泥石流、地震等。不同地质灾害类型具有不同的形成机制和影响程度，需要针对性地进行评估和预测。

（2）评估灾害潜在影响

勘察人员需要评估地质灾害可能对工程施工和运营的影响，包括地基稳定性、结构安全性、人员安全等方面。这有助于确定地质灾害的风险等级和应对措施，保障工程的安全和稳定。

（3）制定灾害防护措施

根据地质灾害评估结果，勘察人员需要制定相应的防护措施和预警机制，包括加固地基、设置防护结构、制订应急预案等。这有助于降低地质灾害对工程的风险和影响，确保工程的安全和稳定。

地质灾害评估的结果对于工程设计和施工具有重要意义，能够及时发现潜在的风险并采取相应措施，保障工程的安全和稳定。

5.地形地貌调查

地形地貌调查是岩土工程勘察的重要内容之一，旨在全面了解勘察区域的地表形态、地貌起伏和地形特征，为工程地基处理和工程布局提供科学依据。在进行地形地貌调查时，需要进行以下工作：

（1）地表形态分析

勘察人员需要分析勘察区域的地表形态，包括山地、丘陵、平原等地貌类型。这有助于了解地表地形的基本特征和地形起伏的情况。

（2）地貌起伏调查

勘察人员需要调查地貌的起伏情况。这有助于评估地形的复杂程度和地势的变化规律。

（3）地形特征分析

勘察人员需要分析地形特征和地形因素对工程的影响，如地表坡度、地貌起伏、地形变化等。这有助于确定地形地貌对工程布局和地基处理的影响，并制订相应的施工方案。

地形地貌调查的结果对于工程地基处理、工程布局设计和施工工艺选择具有重要意义，能够保障工程的安全和稳定。

三、岩土工程勘察成果的应用价值

（一）岩土工程勘察成果的应用范围

岩土工程勘察的成果在岩土工程项目的各个阶段都具有广泛的应用范围，其价值和意义不仅限于工程设计阶段，而是贯穿于整个工程。首先，在工程设计阶段，勘察成果为设计人员提供了必要的地质信息和技术支持，为合理设计方案的制订提供了依据。通过对地下岩土状况、地质构造和地形地貌等方面的调查和分析，设计人员可以更准确地评估工程所面临的地质风险，并制订符合实际情况的科学合理的设计方案。

除了在工程设计阶段，岩土工程勘察的成果还在施工阶段发挥着重要作用。施工人员可以根据勘察成果选择合适的施工工艺和方法，有效应对复杂的地质条件和岩土特性，确保工程施工的顺利进行。同时，勘察成果也为工程施工过程中的质量控制提供了参考依据，有助于预防和解决施工过程中可能出现的地质灾害和工程质量问题，保障施工的安全和质量。

在工程施工完成后，岩土工程勘察的成果仍然具有重要的应用价值。勘察成果为工程监测和管理提供了基础数据和参考依据，有助于监测工程运行状态和变化趋势，及时发现并解决可能存在的安全隐患，保障工程的长期稳定运行。此外，勘察成果还为工程后期维护和管理提供了支持，为工程的可持续发展提供了保障。

综上所述，岩土工程勘察的成果在工程设计、施工、监测和管理等各个阶段都具有广泛的应用范围，为工程项目的顺利实施和长期稳定运行提供了重要的技术支持和保障。

（二）岩土工程勘察成果的应用价值

1.合理设计方案的制订

岩土工程勘察的成果为工程设计提供了重要的地质信息和技术支持，为设计人员制订合理的设计方案提供了基础。在进行工程设计时，设计人员需要根据地下岩土的分布、性质和特征，以及地质灾害的风险等因素，合理选择设计方案，以确保工程的稳定性和安全性。岩土工程勘察的成果的应用价值体现在以下几个方面：

（1）基础类型的选择

岩土工程勘察结果可以帮助设计人员准确评估地下岩土的性质和承载能力，从而合理选择适合的基础类型。例如，在遇到坚硬的岩石地层时，可以选择采用桩基或悬挂式基础等方式，以确保工程的稳定性和承载能力；而在软弱的土壤地层，则可以采用浅基础或地基改良等方式，减少地基的沉降和变形。

（2）地基处理方式的确定

岩土工程勘察结果还可以指导设计人员确定地基处理方式。根据地下岩土的性质和地质条件，可以选择适当的地基处理方式，如挖土加固、地下注浆、土石方平衡等，以提高地基的稳定性和承载能力，减少地基的沉降和变形风险。

（3）地下结构设计的优化

岩土工程勘察结果还可以为地下结构设计的优化提供重要参考。通过了解地下岩土的分布和特性，设计人员可以优化地下结构的设计，采用合适的结构形式和材料，以提高地下结构的稳定性和安全性。例如，在地质条件复杂的地区，可以采用加固墙、地下连续墙等结构形式，增强地下结构的承载能力和抗震性能。

2. 施工工艺的选择

岩土工程勘察成果为施工工艺的选择提供了可靠的依据，帮助施工人员在面对不同地质条件和岩土特性时，采取合适的施工方法和技术，确保施工过程的安全和高效进行。具体而言，岩土工程勘察的成果的应用价值在以下几个方面得以体现：

（1）施工设备的选择

岩土工程勘察结果可以为施工人员提供有关地下岩土的性质和特性的信息，帮助其选择适合的施工设备和工具。例如，在面对坚硬的岩石地层时，需要采用钻孔机、爆破设备等特殊施工设备进行开挖和处理；而在软弱的土壤地层，则可以选择挖掘机、压实机等常规设备进行开挖和处理，以降低施工难度和成本。

（2）施工工艺的优化

岩土工程勘察结果还可以指导施工人员优化施工工艺，提高施工效率和质量。根据地下岩土的分布和特性，可以采取合适的施工方法和技术，如护壁支护等，以应对地质条件的复杂性和多样性，确保施工过程的顺利进行。

（3）排水和加固措施的采取

岩土工程勘察结果还可以为施工人员提供有关地下水位和土壤条件的信息，指导其采取合适的排水和加固措施。例如，在地下水位较高或存在地下水问题的地区，需要采取有效的排水措施，如设置排水管道、挖掘排水沟等，以确保施工场地的干燥和稳定；而在软弱地层或存在地基不稳定问题的地区，则需要采取加固措施，如灌浆加固、地基处理等，以提高地基的承载能力和稳定性。

3. 工程质量的保障

岩土工程勘察成果对工程质量的保障至关重要。通过对地质条件和岩土状况的准确了解，可以有效预防工程施工过程中可能出现的问题，并及时采取相应的措施加以解决，从而保障工程的质量和安全。以下是岩土工程勘察的成果在工程质量的保障方面的应用价值：

（1）预防施工风险

岩土工程勘察的成果可以为施工人员提供有关地下岩土特性和地下水位的信息，帮助其预先识别潜在的施工风险和隐患。通过对地下岩土的详细调查和分析，可以及时发现可能存在的地质灾害风险、地基不稳定等问题，并采取相应的预防措施，以避免施工过程中出现质量问题。

（2）指导施工过程

岩土工程勘察的成果为施工人员提供了关键的地质信息和技术支持，指导其在施工过程中合理选择施工方法和技术，确保施工过程的安全和高效进行。根据勘察成果，施工人员可以采取相应的土方开挖、地基处理和结构施工措施，确保工程施工质量达到设计要求。

（3）质量监控与评估

岩土工程勘察的成果为工程施工过程的质量监控和评估提供了重要依据。

通过对地下岩土条件的监测和分析，可以及时发现施工过程中可能存在的问题，并及时采取相应的措施加以解决，以确保工程质量符合设计要求。同时，可以通过监测和评估工程运行状态，发现可能存在的安全隐患，及时进行修复和处理，保障工程的长期稳定运行。

第三节　复杂地质条件下的挑战与需求

一、复杂地质条件的特征

（一）多变性与不确定性

1.地质构造的多样性与变化

在复杂地质条件下，地质构造呈现错综复杂的特点，具有多样性和变化性。这种多样性主要体现在不同地区的构造类型各异，如断裂、褶皱、断层等，以及它们之间可能交错、相互影响，形成复杂的地质构造格局。这种复杂性对地质勘察和工程设计提出了严峻挑战。

第一，不同地质构造类型的存在使得地质勘察需要充分考虑多种构造类型的存在及其相互作用。例如，对于存在断裂带的区域，地下岩土可能受到不同构造单元的影响，其岩性和结构特征可能呈现较大的变化，需要进行详细勘察和分析。

第二，地质构造的多样性增加了工程勘察和设计的复杂性和不确定性。在勘察过程中，需要考虑不同构造类型对地下岩土结构和性质的影响，以便准确评估地质条件。同时，在工程设计阶段，需要根据不同地质构造类型采取相应的设计方案和施工工艺，以确保工程的稳定性和安全性。

第三，地质构造的变化也增加了工程风险的不确定性。由于地质构造的多样性和变化性，工程地质条件可能会出现较大的空间和时间变化，导致工程施工过程中出现意外情况的可能性增加，需要加强对地质条件变化的监测和预警。

因此，面对地质构造的多样性和变化性，地质勘察和工程设计需要采取综合、系统的方法，充分考虑不同地质构造类型的存在和相互关系，以应对复杂的地质条件，保障工程的安全和稳定。

2. 地层分布的非均质性

在复杂地质条件下，地层分布往往表现显著的非均质性。这种非均质性主要受到地质构造、沉积环境等多种因素的影响，导致地层在空间分布上呈现断断续续、不规则的特点。这种地层分布的非均质性对地下岩土结构产生了复杂的影响，从而增加了地下工程施工的挑战性和复杂性。

一是，地层分布的非均质性使得地下岩土结构呈现多样性和复杂性。在地质条件复杂的区域，地层可能呈现不规则的分布形态，存在着断裂、褶皱等复杂结构。这些结构的存在导致了地下岩土结构的复杂多样性，增加了地下工程施工的难度和风险。

二是，地层分布的非均质性给地质勘察和工程设计带来了挑战。在勘察和设计过程中，需要利用地球物理勘探、钻孔取样等手段对地层分布进行详细研究和分析。由于地层分布的不规则性，需要进行大量的勘察工作，以确定地下岩土结构的特征和变化规律，为工程设计提供可靠的依据。

三是，地层分布的非均质性也增加了地下工程施工的风险。由于地层分布的不规则性，工程施工过程中可能会遇到地质构造复杂、地下水位变化大等问题，导致工程施工难度增加，施工周期延长，工程成本增加等问题，从而增加了工程施工的风险。

3. 地下水位和地下水化学性质的不确定性

在复杂地质条件下，地下水位和地下水化学性质存在着不确定性。这对工程建设和运营带来了一定的挑战和风险。

首先，地下水位受到多种因素的影响，包括地形、地质构造、气候等，因此地下水位具有时空变化的特点。在不同地区和不同季节，地下水位可能会发生较大的波动，难以准确预测。地下水位的变化会直接影响地下水对地下岩土结构的侵蚀和溶解，进而影响工程建设和运营的稳定性和安全性。

其次，地下水的化学性质受到地层岩石成分、水文地质条件等多种因素的影响，表现复杂多样的特征。地下水中可能含有各种溶解物质，如盐类、重金属等。这些物质的浓度和组成可能会随地质条件的变化而变化，对地下工程的材料和设施造成腐蚀和侵蚀，影响工程的使用寿命和安全。

针对地下水位和地下水化学性质的不确定性，工程设计和施工过程中需要采取一系列的预防措施和应对策略。首先，需要进行充分的地质勘察和水文地质调查，获取准确的地下水位和地下水化学性质数据，为工程设计提供可靠的依据。其次，需要针对地下水位和地下水化学性质的变化情况，采取相应的防护措施，如防渗、防水、防腐等，以减轻地下水对工程的影响，确保工程的安全和可靠。

（二）地质灾害风险高

1. 地形复杂性与地质灾害

地形是地质灾害发生的重要条件之一，在复杂地质条件下，地形往往呈现多样性和复杂性。

（1）山地地形的地质灾害风险

山地地形通常具有陡峭的坡面和复杂的地貌特征，因此，山区地质灾害的风险较高。山体滑坡、岩崩、坡面崩塌等地质灾害在山区频繁发生，对附近的交通、水利和居民生活等产生严重影响。

（2）丘陵地形的地质灾害风险

丘陵地形地质灾害的特点是地形起伏，坡度不太陡，但地势起伏较大。在丘陵地区，常见的地质灾害包括坡面塌方、小型滑坡、崩塌等。这些灾害会对农田、道路和房屋等造成破坏。

（3）河谷地形的地质灾害风险

河谷地形受河流侵蚀和沉积作用的影响，地质条件复杂多变，易发生泥石流、山洪等灾害。河谷地区的地质灾害通常具有突发性和破坏性，对周边的农田、村庄和交通干道构成威胁。

2. 地下水位变化与地质灾害

地下水位的变化是地质灾害发生的重要因素之一，在复杂地质条件下，地下水位的变化较大，会引发各种地质灾害。

（1）地下水位波动与滑坡灾害

地下水位的上升或下降会改变地层的稳定性，从而促使滑坡等地质灾害的发生。尤其是在多雨季节或降雨较大的地区，地下水位的波动对滑坡的形成起着至关重要的作用。

（2）地下水位对坡面稳定性的影响

地下水位的升降会改变坡面稳定性，从而引发坡面崩塌、坡面塌方等地质灾害。特别是在山区或丘陵地带，地下水位变化对坡面稳定性的影响更为显著。

3.地质灾害的规模和破坏性

地质灾害的规模和破坏性与地质条件密切相关，在复杂地质条件下，地质灾害往往具有较大的规模和破坏性。

（1）规模大、破坏性强的泥石流灾害

在复杂地质条件下，泥石流的发生可能导致山体大规模崩塌，泥石流沿山谷迅速流动，对沿途的房屋、农田和交通等造成严重破坏。

（2）山体滑坡的严重后果

在地形复杂的山地地区，山体滑坡往往规模较大、速度较快，可能导致道路中断、房屋倒塌等严重后果，对周边的人们的生命财产安全造成威胁。

（3）坡面崩塌的危害

在复杂地质条件下，坡面崩塌往往规模不大但危害较大，容易造成农田、林地和交通道路的损毁，对当地的农业生产和交通运输造成严重影响。

二、勘察过程中的挑战与难点

（一）勘察数据获取困难

1.复杂地质条件带来的数据采集挑战

复杂地质条件下的数据采集受到地下岩土结构的影响，具有以下挑战：

（1）地下岩土结构复杂多变

地下岩土结构受地质构造、沉积环境等多种因素影响，呈现复杂多变的特点。因此，需要采用多种高精度勘察设备和技术，如地质雷达、地电、声波等，以获取地下岩土结构的详细信息。

（2）地质构造错综复杂

地质构造的复杂性增加了地下勘察的难度，常规勘察手段可能无法穿透复杂的地质构造，导致数据获取受限。因此，需要借助地震勘探、地震波成像等技术，对地下构造进行全面探测和解析。

（3）地形地貌多样化

复杂的地形地貌使得地面勘察受到限制，特别是在高山、峡谷等地区。这就需要利用航空摄影、激光扫描等技术，以获取地形地貌数据，辅助地下勘察工作。

2.勘察成本增加和周期延长

复杂地质条件下的数据采集增加了勘察成本和周期，主要表现在以下方面：

（1）高精度勘察设备和技术的需求

为获取准确、全面的地质数据，需要采用高精度的勘察设备和技术，如钻孔取样、岩土力学试验、地质雷达等。这些设备和技术的投入增加了勘察成本。

（2）人力、物力和财力的投入

复杂地质条件下的勘察工作需要投入大量的人力、物力和财力，包括勘察人员的培训和装备、勘察设备的维护和更新、数据处理和分析的费用等。这增加了勘察的成本。

（3）时间成本的增加

复杂地质条件下的勘察工作往往需要花费较长的时间来完成，包括现场勘察、数据采集、数据分析等多个阶段，因此，勘察周期会相应延长，给项目的进度安排带来挑战。

（二）地质信息不完整

1.地质勘察工作不足的影响

地质信息不完整主要源于地质勘察工作不足。这给数据分析和工程设计带来了一定的困难：

（1）勘察范围受限

地质勘察工作未能覆盖所有需要的区域，导致部分地区的地质信息缺失，从而影响了对整个工程区域地质条件的全面了解。

（2）地质断层等隐患未被发现

地质勘察工作不足可能导致地质隐患（如断层、脆性岩体等）未被及时发现，给工程设计和施工带来了隐患。

2.地质信息推测和假设的不确定性

由于地质信息的不完整，勘察人员可能需要进行推测和假设。这增加了勘察结果的不确定性：

（1）地下岩土结构的推测

在缺乏完整地质信息的情况下，勘察人员可能需要根据有限的数据进行地下岩土结构的推测。这种推测的准确性和可靠性存在一定的不确定性。

（2）地质特性的假设

缺乏地质数据可能导致对地质特性的假设，如岩石的强度、岩土体的稳定性等。这些假设可能存在较大的误差，影响工程设计的准确性和可靠性。

第二章

岩土地质调查方法与技术

第一节　地质调查的基本步骤

一、地质调查的概念与分类

（一）地质调查的概念

地质调查是地球科学领域中至关重要的一项活动，其涉及的范围极为广泛，包括地球表层及地下深处的各种地质情况。其主要目的在于通过实地考察、勘测、观测和记录等方式，系统、综合地获取各种地质信息，以全面了解地球的构造、岩性、地层、矿产资源、地貌、水文地质等情况，并进一步认识地球的地质构造、地质过程和地质规律。

第一，地质调查对于工程建设具有重要意义。在工程设计阶段，地质调查为工程建设提供了必要的地质信息和数据，如地层岩性、地下水情况等，为工程设计提供了重要依据。例如，在选择合适的基础类型和地基处理方式时，需要充分考虑地质调查结果，以确保工程的稳定性和安全性。此外，地质调查还可评估地质灾害的潜在风险，为工程施工提供必要的安全措施和预防措施。

第二，地质调查对于资源勘察也具有重要意义。矿产地质调查是对地质资源进行的调查研究，旨在发现、评估和开发地下的矿产资源。通过对矿床地质特征、矿产储量、矿床分布等方面进行详细调查，可以为矿产资源的合理开发提供科学依据和技术支持。

第三，地质调查对于环境保护也具有重要作用。环境地质调查主要研究地质环境对人类生活和生态系统的影响，包括地质灾害、地下水污染等方面的调查研究。通过对环境地质问题的认识和分析，可以制定相应的环境保护措施和管理策略，预防和减轻地质灾害的发生，保护生态环境和人类健康。

（二）地质调查的分类

1.工程地质调查

工程地质调查是针对工程建设所需的地质信息展开的一项重要调查活动。其范围涉及地质构造、地层岩性、地下水情况等，旨在评估工程的可行性和安全性，为工程设计和施工提供基础数据和科学依据。工程地质调查的分类如下：

（1）地质构造调查

这部分调查主要关注地下构造的特征和分布，包括断裂带、褶皱、断层等地质构造的分布情况。通过地质构造调查，可以了解地下构造对工程稳定性的影响，指导工程设计和施工中的相应措施。

（2）地层岩性调查

地层岩性调查主要涉及地下岩石的种类、性质和分布。通过对地层岩性的调查，可以了解不同岩性的工程性质，指导工程设计和施工中的岩土工程处理。

（3）地下水情况调查

这一部分调查主要针对地下水的分布、水位、水质等情况进行调查。地下水情况的调查对于工程建设中的地下水排水、防水等工程设计至关重要，能够有效降低地下水对工程的不利影响。

2.矿产地质调查

矿产地质调查是对地质资源进行的调查研究，旨在发现、评估和开发地下的矿产资源。矿产地质调查的分类如下：

（1）矿床地质特征调查

这部分调查主要针对矿床地质特征进行研究，包括矿体形态、赋存状态、产状特征等。通过矿床地质特征的调查，可以评估矿床的潜在价值和开发前景。

（2）矿产储量调查

矿产储量调查是对矿产资源储量进行评估的过程，包括矿产资源的数量、质量、分布等方面的调查。矿产储量调查为资源开发提供了科学依据，有助于制订合理的开发计划和资源利用方案。

（3）矿床分布调查

这部分调查主要研究矿床的空间分布规律和特征。通过对矿床分布调查，可以确定矿床的位置和规模，为资源勘察和开发提供必要的信息和数据支持。

3. 环境地质调查

环境地质调查是研究地质环境对人类生活和生态系统的影响的调查活动，主要包括以下方面：

（1）地质灾害调查

这部分调查主要针对地质灾害（如地震、滑坡、泥石流等）的发生规律、影响范围和危害程度进行研究。地质灾害调查为地质灾害防治提供了科学依据和技术支持。

（2）地下水污染调查

这一部分调查主要研究地下水污染的原因、程度和影响范围。地下水污染调查有助于评估地下水资源的安全状况，为地下水资源的保护和管理提供科学依据。

二、地质调查的基本流程与方法

（一）前期资料调研

1. 地质地图分析

地质地图是地质调查的重要资料之一，包括地质图、地形图、水文地质图等。通过对地质地图的综合分析，可以获取大量地质信息。首先，地质地图提供了调查区域地质构造的分布情况，例如断裂带、褶皱带等地质构造特征。其次，地质地图上标注的地层分布情况可以帮助研究者了解地层的性质和分布规律。此外，地形图可以揭示调查区域的地形地貌特征，例如山脉、河流、湖泊等，为后续实地调查提供重要参考。

2. 卫星影像解译

卫星影像是现代地质调查中的重要数据来源之一。利用遥感技术获取的卫星影像，可以覆盖广阔的调查区域，获取高分辨率的地表信息。通过对卫星影像解译，可以获取调查区域的地表覆盖情况、地形特征、植被分布等信息。例如，通过卫星影像中的颜色和纹理特征，可以识别不同地物类型，如植被、水体、裸露地表等，为地质调查提供了重要的辅助信息。

3. 历史勘察资料分析

历史勘察资料是地质调查的重要参考资料之一，包括以往地质调查报告、地质勘测成果、科研论文等。通过对历史勘察资料的分析，可以了解调查区域的地质演化历史、地质灾害发生情况等。这些资料可以帮助研究者更好地了解调查区域的地质背景，为后续的实地调查提供重要参考。同时，历史勘察资料还可以揭示地质现象的演变趋势和规律，为地质调查提供更深层次的理论依据。

（二）实地调查和资料整理

1.地面勘察

地面勘察是地质调查中至关重要的环节，它是通过对调查区域地表地貌和地形地貌的仔细观察和记录，获取各种地表地貌特征、地貌类型以及地形起伏等信息的过程。这一环节是地质调查的第一步，也是获取地质信息的重要途径之一。

在进行地面勘察时，地质调查人员需要以人工步行或车辆巡视的方式，深入地质调查区域，对地表地貌进行细致的观察和记录。他们会关注地表地貌的各种特征，如地形起伏、地表覆盖、地表水体等，以及与地质构造、地层沉积等相关的现象。通过裸眼观察、摄影记录等方法，地质调查人员可以获取大量的地表地貌信息，并及时记录下来以备后续分析和处理。

此外，现代化的测量仪器也成为地面勘察的重要辅助工具。全站仪、GPS定位仪等高精度测量设备能够提供准确的地表地貌数据，包括地表高程、坡度、曲率等信息，为地质调查提供了更加科学和精确的数据支持。这些仪器的应用不仅提高了地质调查的效率，还增强了数据的可信度和准确性。

总的来说，地面勘察是地质调查的重要环节之一，它通过对调查区域地表地貌的仔细观察和记录，为后续的地质调查提供了重要的实地基础数据。这些数据对于了解调查区域的地质特征、评估地质风险、选择调查方向等具有重要意义，为地质调查工作的顺利进行奠定了基础。

2.钻探取样

钻探取样是地质调查中获取地下岩土结构和地下水情况的重要手段之一，也是对地质信息进行直接获取的主要方法之一。通过钻探取样，地质调查人员可以获得地下岩土的物理性质、化学性质等数据信息，为后续的地质分析和工程设计提供必要的样品和数据支持。

在进行钻探取样时，通常会选择适当的钻机和钻探方法，以应对不同的地质环境和工程需求。常见的钻机类型包括岩芯钻机、土壤取样钻机等，它们能够根据地质条件和需要采用不同的钻进技术和工艺。例如，在岩层较硬的情况下，会选择岩芯钻机进行岩芯取样，以获取更加准确的岩石样品；而在土层较软的情况下，可以采用土壤取样钻机进行土样取样，以获取土壤的物理性质和化学性质数据。

钻探取样的过程需要严格按照操作规程进行，确保取样的准确性和可靠性。在钻探过程中，地质调查人员需要注意对取得的岩土样品进行标识、编号，并详细记录相应的钻孔信息，包括钻孔位置、深度、地层情况、岩土性质等，以便后续的实验室测试和地质分析。

通过钻探取样，地质调查人员可以获取地下岩土结构的详细信息，了解地下地质条件和岩土性质，为工程建设、地质灾害防治、资源勘察等提供科学依据和技术支持。

3. 地球物理勘探

地球物理勘探是一种研究地球内部结构和地下岩土性质的技术手段，被广泛应用于地质调查、资源勘察、地质灾害防治等领域。地球物理勘探方法多样，常见的包括地震勘探、电磁勘探和地磁勘探等。

首先，地震勘探是利用地震波在地下介质中传播的特性，通过记录地震波的传播速度和反射情况来推断地下结构和岩土性质。地震勘探常用于确定地层界面、检测地下岩石的构造变化，对于矿产资源勘察和工程地质调查具有重要意义。

其次，电磁勘探是利用地下介质对电磁场的响应特性，通过测量电磁场在地下介质中的传播和反射情况，推断地下岩土的性质和分布。电磁勘探常用于探测地下水位、寻找矿床和岩体裂隙等。

再次，地磁勘探是利用地球磁场的变化情况，通过测量地磁场的强度和方向来推断地下岩石的性质和分布。地磁勘探常用于探测地下岩体的磁性异常、寻找地下矿床和岩体边界等。

在地球物理勘探的实施过程中，需要采用专业的仪器设备进行测量和数据采集，并结合地质实地观察，对地下构造进行综合解释和分析。通过地球物理勘探，可以获取地下结构信息，如地层厚度、地下水位、岩石性质等，为地质调查提供重要的辅助资料。地球物理勘探技术具有非破坏性、高效性等优点，可以在较大范围内获取地下信息，为地质工程和资源利用提供科学依据和技术支持。

（三）成果表达

1.地质图制作

地质图制作是地质调查工作中至关重要的一环，它通过图形的方式将调查区域的地质特征生动地展现出来，为后续工作提供了直观、清晰的参考依据。地质图制作是根据实地调查和资料整理的结果进行的，需要结合多种地质信息，包括地质构造、地层分布、岩性特征等。

第一，地质图中常见的一种是地质填图，它主要展示了调查区域地表的地质情况。在地质填图中，会标注不同地层的分布范围、岩性特征、地貌特征等，以不同的颜色或图案来区分不同的地质单元，使得地表地质特征一目了然。

第二，地质剖面图也是一种常见的地质图。地质剖面图是在垂直方向上对地质体进行切割，将地下岩土结构的分布情况以立体的形式展现出来。通过地质剖面图，可以清晰地了解地下岩层的变化规律、厚度、倾角等信息，为地质结构的分析提供了重要依据。

第三，地质构造图也是地质调查中的重要成果之一。地质构造图主要展示了调查区域的地质构造特征，包括断裂、褶皱、断层等地质构造形态及其空间分布情况。通过地质构造图，可以清晰地了解地质构造的发育规律和分布特征，为后续工作的工程设计和地质研究提供了重要参考资料。

2.地质报告撰写

地质报告撰写是地质调查工作的重要环节，它对调查区域的地质情况进行了详细描述和分析，为后续的工程建设、资源开发、环境保护等提供了重要的科学依据和决策参考。地质报告通常包括以下几个方面的内容：

首先，地质报告会明确调查的目的和任务。这一部分会介绍调查的背景、目的、范围及侧重点，为读者提供了解调查工作背景和目标的基本信息。

其次，地质报告会详细描述调查的方法和过程。这包括实地调查的具体方法、采样取样的方式、数据收集和处理的流程等。通过详细描述调查方法和过程，读者可以了解调查工作的科学性和可靠性。

再次，地质报告会对调查结果进行综合分析和科学解释。这部分内容会对调查区域的地质构造、地层分布、岩性特征、地下水情况等进行详细描述和分析，解释调查数据的意义和相关性，揭示地质特征的形成机制和规律性。

最后，地质报告会得出结论并提出建议。在这一部分，报告会对调查结果进行总结，提出对工程建设、资源开发、环境保护等方面的建议和意见，为相关决策提供科学依据。

3. 成果交流与应用

地质调查成果的交流与应用是将调查工作转化为实际价值的关键环节。通过有效交流和应用，可以最大限度地发挥地质调查的科学价值和实用意义。

第一，成果交流是将调查成果向社会公众和相关领域的专业人士介绍的重要方式。学术会议、专业讲座、研讨会等平台为地质调查人员提供了展示成果、交流经验的机会。在这些场合，调查人员可以分享调查方法、数据处理技术以及对地质现象的认识和解释，促进学术界的交流与合作，推动地质科学的发展。

第二，成果应用是将调查成果转化为实际工作的关键环节。工程建设、资源勘察、环境保护等领域都需要地质调查成果来指导决策和实践。例如，在工程建设中，地质调查成果可以帮助工程师选择合适的基础类型和施工工艺，降低工程风险；在资源勘察中，地质调查成果可以指导矿产资源的勘察和开发，提高资源的利用效率；在环境保护方面，地质调查成果可以帮助预防和减轻地质灾害的发生，保护生态环境和人类安全。

第二节　复杂地质条件下的地质勘察技术

一、复杂地质条件下的勘察要求

（一）精准度要提高

1.构造形态错综复杂

在复杂地质条件下，地质构造形态的复杂性是地质勘察面临的主要挑战之一。地球的地壳在漫长的地质历史中受到各种构造力的作用，形成了错综复杂的地质构造形态。这些构造形态包括断裂、褶皱、岩浆岩等，其形态多样、规模不一，给地质勘察带来了较大的困难。

（1）断裂

断裂是地球地壳表面或地下岩石发生破裂的地质现象，形成了断裂带、断裂岩块等地质构造。在复杂地质条件下，断裂构造可能呈现多条交错、交汇的复杂形态，需要通过高精度的地面勘察和地球物理勘探方法进行准确识别和描述。

（2）褶皱

褶皱是地球地壳岩石受到挤压作用而发生的褶曲变形，形成了山脉、褶皱带等地质构造。复杂地质条件下的褶皱可能存在多层次、多方向的叠加，需要对其形态、规模和分布进行精确测量和描述。

（3）岩浆岩

岩浆岩是地球深部岩浆在地壳表面喷发、冷却后形成的岩石，其形成的地质构造包括火山、熔岩台地等。在复杂地质条件下，岩浆岩的分布可能错综复杂，需要通过地面勘察和遥感技术准确识别和描述其分布特征。

2.地层非均质性强

在复杂地质条件下，地层的非均质性较强，地层的性质、厚度、分布等可能出现较大的变化。这种非均质性主要体现在地层的物性参数、地层界面的不规则性以及地层的局部变形等方面，对地质勘察提出了更高的要求。

（1）地层物性参数的变化

地层的物性参数，如密度、磁化率、声波的速度等，在复杂地质条件下可能出现较大的空间变化。因此，勘察需要采用精密的地球物理勘探方法，对地层的物性参数进行准确测量和分析。

（2）地层界面的不规则性

地层界面是不同地质体之间的界限，其形态可能受到地质构造和岩石性质的影响而呈现不规则性。在勘察中需要注意对地层界面的准确识别和描述，以获取准确的地层信息。

（3）地层的局部变形

地层在地质过程中可能发生局部变形，如褶皱、断裂、滑动等，导致地层的形态和性质发生变化。勘察需要通过钻探、地质剖面观测等方法，对地层的局部变形进行准确的识别和描述。

3.地质信息多样性

在复杂地质条件下，地质信息的多样性显著增加，包括岩石类型、岩性特征、地层厚度、构造形态等方面的变化。这些多样性的地质信息对地质勘察提出了更高的要求，需要对地质信息进行全面、准确的获取和分析。

（1）岩石类型的多样性

地质调查中需要考虑复杂地质条件下不同岩石类型的存在及其特征。这些岩石类型可能包括火成岩、沉积岩、变质岩等，它们具有不同的成因和特征，对地质构造、地貌形态等有着重要影响。因此，在地质勘察中，需要通过岩石样品的采集和分析，准确识别和描述不同岩石类型的分布、特征和变化规律。

（2）岩性特征的多样性

同一种岩石在不同地质条件下可能呈现不同的岩性特征，如岩石的颗粒大小、结构、颜色、成分等。复杂地质条件下岩性特征的多样性较强，需要通过岩芯分析、野外观察等方法，对岩石的岩性特征进行准确描述和解释。

（3）地层厚度的变化

复杂地质条件下，地层的厚度可能存在较大的变化，由于地质构造和岩石性质的影响，地层的厚度可能在短距离内发生显著变化。在地质勘察中，需要通过钻探、地质剖面观测等方法，对地层的厚度变化进行精确测量和描述。

（4）构造形态的多样性

地质构造形态在复杂地质条件下可能呈现多样性。除了前文提到的断裂、褶皱、岩浆岩等构造形态外，还可能存在其他地质构造形态，如火山、倾斜岩层、岩溶等。在地质勘察中，需要对这些构造形态进行全面观察和描述，以获取准确的地质信息。

（二）适应性需增强

1.地质环境多变性

（1）地形地貌的多样性

复杂地质条件下的地形地貌常常呈现多样性，如山地、平原、丘陵、河谷等。在地质勘察中，需要根据具体地形地貌特点选择合适的勘察路径和方法，确保勘察数据的准确性和代表性。

（2）植被覆盖的变化

不同地质环境下的植被覆盖情况存在较大差异，有的地区植被茂密，有的地区则植被稀疏。对于植被覆盖茂密的区域，需要采用遥感技术或激光扫描等方法获取地表信息；对于植被稀疏的区域，则可以采用人工勘察方式进行地面观察和测量。

（3）地下水位变化的影响

复杂地质条件下地下水位的变化常常较大，对地下结构和岩土性质产生影响。在进行岩土地质调查时，需要充分考虑地下水位的变化，选择合适的钻探技术和地球物理勘探方法，以获取准确的地下水位数据。

2.勘察需求差异性

（1）不同地区的勘察特点

不同地区的地质条件存在差异，勘察需求也会有所不同。一些地区可能存在地质灾害隐患，需要重点关注地质灾害风险；而另一些地区可能存在资源勘察需求，需要重点开展矿产地质调查。因此，勘察工作需要根据不同地区的实际情况进行针对性的调整和安排。

（2）不同项目的勘察需求

不同工程项目的勘察需求也存在差异。例如，水利工程可能需要重点关注地下水位和地下水文地质特征；公路工程可能需要重点关注地质构造和地层岩性；而建筑工程可能需要重点了解地下岩土工程性质和稳定性。因此，勘察工作需要根据不同项目的特点和要求进行灵活调整和安排。

3.勘察工作组织协调性

（1）多方面专业配合

地质勘察涉及地质学、地理学、工程学等多个学科领域，需要不同专业人员的协作配合。在复杂地质条件下，需要加强各方面专业人员之间的沟通和协调，充分发挥各自专业优势，共同完成勘察任务。

（2）多环节工作协同

地质勘察工作涉及勘察前期调研、实地勘察、数据处理和成果报告等多个环节，需要各环节之间的协同配合。在勘察工作组织中，需要明确各个环节的责任和任务，加强各环节之间的联系和衔接，确保勘察工作的有序推进和顺利完成。

（三）准确性要提升

1.数据采集准确性

（1）精密测量仪器的应用

在复杂地质条件下的勘察工作中，需要广泛应用精密的测量仪器和设备，如全站仪、GPS 定位仪等，以确保数据采集的准确性和可靠性。这些仪器具有高精度、高灵敏度的特点，能够有效应对复杂地质条件下的测量需求，提高数据采集的精准度。

（2）实地测量和观测的重要性

虽然现代化的测量仪器可以提供高精度的数据，但在某些情况下，仍需要进行实地测量和观测，以获取更为真实和全面的地质信息。通过步行、车辆巡视等方式进行实地勘察，可以补充和验证仪器测量结果，提高数据采集的准确性。

2.数据处理精确性

（1）专业数据处理技术的应用

勘察获取的原始数据需要经过精确处理和分析，以提取有效信息和规律性结果。因此，勘察工作需要配备专业的数据处理技术和软件，如地理信息系统（GIS）、地震数据处理软件等，以确保数据处理的精确性和科学性。这些专业软件具有丰富的数据处理功能和分析工具，能够有效处理复杂地质条件下的数据，提高数据处理的精确度。

（2）数据质量控制的重要性

在数据处理过程中，需要严格控制数据质量，避免因数据质量不佳导致的误差和偏差。通过质量控制措施，如数据校核、数据验证等，可以确保数据处理的准确性和可靠性，提高数据处理结果的科学性和可信度。

3.勘察成果报告可信度

（1）科学规范的报告编写

最终的勘察成果报告需要遵循科学规范和标准，严格按照相关要求编写和组织，确保报告的科学性和可信度。在编写报告过程中，需要清晰准确地呈现调查过程、数据分析和结论推断等内容，以确保报告的准确性和可信度。

（2）专家评审和审定

在报告编写完成后，需要进行专家评审和审定，确保报告内容准确无误、符合科学规范和标准。通过专家的审阅和评定，可以发现和纠正报告中可能存在的错误和不足，提高报告的科学性和可信度。

二、岩土地质调查方法与技术优化

（一）地面勘察技术的优化

地基勘察在岩土地质调查中扮演着重要角色，通过对地表地貌和地形地貌的观察，可以获取大量的地质信息。在复杂地质条件下，为了提高勘察的精准度和效率，需要采用优化的地面勘察技术。

1.高精度测量仪器的应用

（1）全站仪的应用

全站仪是一种高精度的测量仪器，广泛用于地面勘察中的地形测量和地貌观测。通过全站仪的测量，可以获取地表点的水平和垂直方向的坐标信息，实现对地表地形的高精度测量。这些数据可以用于制作精确的地形图，为岩土地质调查提供可靠的基础数据。

（2）GPS 定位仪的应用

GPS 定位仪是一种利用全球定位系统（GPS）进行地面定位的仪器。在地质勘察中，GPS 定位仪可以提供高精度的位置信息，用于确定勘察点的地理坐标和海拔。GPS 定位仪可以实现对勘察点位置的准确定位，为地质勘察提供精准的地理定位数据。

2.现代化测量方法的应用

（1）激光测量技术的应用

激光测量技术是一种高精度的地面测量方法，可以实现对地表的快速、精确的三维测量。通过激光扫描仪等设备，可以获取地表的高分辨率数字模型和点云数据，描绘地形地貌的细微变化。这种测量方法在复杂地质条件下具有很高的适用性，可以提高地质勘察的效率和精度。

（2）遥感技术的应用

遥感技术是一种通过卫星影像获取地表信息的方法，广泛应用于地质勘察中的地表覆盖分类、地形测量等方面。通过遥感技术获取的卫星影像可以提供大范围的地表信息，包括地表覆盖类型、地形地貌特征等，为地质勘察提供全面、多角度的数据支持。这种技术在复杂地质环境下具有很高的应用价值，可以为地质调查提供全方位的信息。

（二）钻探技术的改进

钻探取样是获取地下岩土结构和地下水情况的关键手段之一，在复杂地质条件下，需要采用先进的钻探技术和设备，以提高钻探的准确性和效率。

1.先进的钻探设备的应用

（1）岩芯钻机的应用

岩芯钻机是一种专门用于获取岩石样品的钻探设备。在复杂地质条件下，岩芯钻机可以实现对地下岩石结构的高效、连续取岩芯，获取的岩芯样品能够真实地反映地层的性质和组成。通过对岩芯的分析，可以了解地下岩石的物理性质、化学成分、结构特征等信息，为地质勘察提供重要的实验数据。

（2）声波钻机的应用

声波钻机是一种利用声波振动进行钻孔的钻探设备。在复杂地质条件下，声波钻机具有较强的穿透力和适应性，可以应对不同地质条件下的钻探需求。通过声波钻机进行的钻探作业，可以获得高质量的岩土样品，并且具有较高的钻探速度和效率，提高了钻探作业的效率和准确性。

2.数据采集和处理的优化

（1）自动化数据记录系统的应用

在钻探过程中，可以采用自动化数据记录系统进行实时数据记录。这些系统可以自动记录钻孔深度、钻进速度、岩芯取样情况等数据，减少了人为记录的误差，提高了数据的准确性和可靠性。

（2）数字化数据处理软件的应用

钻探获取的原始数据需要进行精确的处理和分析，以提取有效信息。可以采用数字化数据处理软件对钻探数据进行处理和分析。这些软件可以对数据进行快速、精确的处理，提高了数据处理的效率和精度，为地质勘察提供了可靠的数据支持。

（三）地球物理勘探技术的应用

地球物理勘探技术在岩土地质调查中扮演着重要角色，能够提供关于地下结构和岩土性质的重要信息，为地质调查提供了重要的辅助资料。

1.地球物理勘探方法的选择

在复杂地质条件下，选择合适的地球物理勘探方法至关重要。常见的地球物理勘探方法包括地震勘探、电磁勘探、地磁勘探等。这些方法各具特点，适用于不同的地质环境和勘探目的。

地震勘探是一种利用地震波传播特性研究地下结构的方法。通过观测地震波在地下介质中的传播路径和速度变化，可以推断出地下介质的性质和结构。地震勘探适用于获取地下岩层、断层、构造等信息，对于石油、天然气勘探以及地下水资源的勘察具有重要意义。在选择地震勘探方法时，需要考虑地下介质的传播性质，地震波的频率和能量，以及勘探区域的地质构造情况。

电磁勘探是利用地下电磁场的变化来反映地下结构和岩土性质的分布情况。通过测量地下电磁场的强度和频率变化，可以获取地下岩土的电性特征，进而推断出地下岩层、矿体、地下水等信息。电磁勘探适用于不同介质的勘探，包括岩石、土壤等，对于矿产勘察、地下水资源调查、环境地质勘察等具有重要意义。在选择电磁勘探方法时，需要考虑地下介质的电性特征、勘探深度要求以及勘探区域的电磁环境。

地磁勘探则是利用地磁场的变化来研究地下岩土的性质和结构。地磁勘探通过测量地磁场的强度和方向变化，可以获取地下岩土的磁性特征，进而推断出地下岩层、矿体等信息。地质勘探适用于不同类型地质的勘探，包括岩石、地下水等，对于矿产勘察、地下水资源调查、环境地质勘察等具有重要意义。在选择地磁勘探方法时，需要考虑地下岩土的磁性特征、勘探深度要求以及勘探区域的地磁环境。

2.数据解释和分析的优化

地球物理勘探所获取的数据在岩土地质调查中扮演着至关重要的角色，然而这些原始数据需要经过科学的解释和分析，才能转化为可用的地质信息。为了优化数据解释和分析的过程，可以采用先进的数据处理和分析方法。

首先，对于地震勘探数据，可以通过地震波形分析来确定地下结构的分布和性质。地震波形分析包括对地震波的速度、振幅、衰减等方面的详细研究，以及对地震反射界面、地层边界等地质特征的识别和解释。通过地震波形分析，可以准确地刻画地下介质的变化情况，推断出地下岩土的性质、厚度、分布等重要信息。

其次，对于电磁勘探数据，可以采用电磁响应模拟的方法来推断地下岩土的性质和分布情况。电磁响应模拟是利用电磁场的传播特性和地下介质的电性差异进行模拟计算，以重建地下岩土的电性结构。通过电磁响应模拟，可以获取地下岩土的电导率、介电常数等参数，从而推断出地下岩层、矿体、地下水等的分布情况。

除了以上方法，还可以结合其他地球物理勘探数据，如地磁数据、重力数据等，进行综合分析和解释。通过综合分析不同物理方法获取的数据，可以获取更加全面和准确的地质信息，为岩土地质调查提供更为可靠的数据支持。

第三节 先进的地质勘察工具与设备

一、先进勘察工具与设备介绍

（一）新型勘察设备的研发

在复杂地质条件下，需要研发更先进、更适用的勘察设备，以提高数据采集的效率和准确性。

1.高分辨率地质雷达

高分辨率地质雷达是一种先进的地球物理勘察技术，其在复杂地质条件下的研发与应用具有重要意义。该技术通过发送电磁波并接收其在地下介质中的反射信号，从而实现对地下岩土结构的高精度探测，能够识别岩层、断层等地质特征。其核心原理在于利用电磁波在不同介质中传播速度不同的特性，通过分析反射信号的时间延迟、振幅和相位等参数，可以获取地下结构的图像信息。

在实际应用中，高分辨率地质雷达通常由天线、发射器、接收器和数据处理系统等部件组成。天线用于发送电磁波并接收反射信号，发射器负责产生电磁波，接收器则接收反射信号并将其转化为电信号，数据处理系统则对接收到的信号进行处理和分析，最终形成地下结构的图像。该技术具有非侵入式勘察的优势，不需要对地表进行挖掘或钻探，能够避免地质结构的破坏，同时具有快速成像的特点，可以在较短的时间内获取大量的地质信息。

高分辨率地质雷达在各个领域都有广泛应用。在工程勘察中，它可以用于地质灾害隐患排查，如滑坡、泥石流等地质灾害的预测和评估；在地下管线检测方面，可用于识别管道的位置、深度和状况，减少地下施工的风险；在基础工程设计中，可用于对地下岩土结构进行详细调查，为工程设计提供可靠的地质数据支持。此外，高分辨率地质雷达还在环境地质、考古学等领域有着重要的应用价值，如地下水资源调查、地下污染监测，以及古地貌、古文化遗址等的探测与保护。

2.多功能钻探机

多功能钻探机是一种集钻取、采样、测量等功能于一体的高级勘察设备，其设计和应用对于解决复杂地质条件下的多样化勘察需求具有重要意义。该设备能够在一定程度上弥补传统钻探设备的局限性，为岩土工程勘察提供更全面、更有效的技术支持。

多功能钻探机的设计理念在于满足岩土工程勘察中的多种需求，包括钻取地层、采集岩土样品以及测量地下介质性质等。其核心功能包括钻探、取样和测量三个方面。在钻探方面，多功能钻探机配备了高效的钻杆和钻头，能够实现对地下岩土层的快速钻取，为后续的采样和测量工作提供支持。在取样方面，该设备可配备各种类型的取样工具，如岩芯钻头、岩土取样器等，可根据实际需要对不同类型的岩土进行取样，从而获取地下岩土的物理性质、化学性质等信息。同时，多功能钻探机还具备测量功能，可实现对地下水位、土壤密度、土壤电阻率等参数的实时测量，为地下结构的分析和评估提供可靠的数据支持。

多功能钻探机的应用领域广泛，包括但不限于地质勘察、工程勘察、资源勘探和环境监测等方面。在地质勘察中，多功能钻探机可用于地层构造、岩土性质、地下水位等地质信息的获取，为地质灾害的预测和防范提供可靠依据。在工程勘察中，该设备可用于工程基础设计、地下管线布置等方面的勘察工作，为工程施工提供必要的地质参数。在资源勘探中，多功能钻探机可用于矿产资源的勘探和开发，为矿产资源的合理利用提供技术支持。在环境监测方面，该设备可用于土壤污染的调查和监测，为环境保护和治理提供数据支持。

（二）勘察方法的改进

针对复杂地质条件，需要不断改进勘察方法，提高勘察的适用性和准确性。

1.地球物理勘探技术

地球物理勘探技术在岩土工程勘察中的应用极为广泛，其中包括地震勘探和电磁勘探等方法。这些技术通过利用地球物理现象与地下介质的相互作用，可以获取地下岩土结构更为详细的信息，为工程设计和施工提供重要的数据支持。

地震勘探是一种常用的地球物理勘探方法，其原理是利用地震波在地下介质中传播的特性来获取地下结构信息。在地震勘探中，通过在地表布置震源并记录地震波在地下介质中传播过程中的反射、折射等现象，然后通过地震数据处理和解释，可以获得地下岩土层的速度、密度等信息，进而推断地下构造、岩性分布等特征。地震勘探在岩土工程中的应用主要包括地质灾害隐患排查、地下水资源调查、基础工程设计等方面。例如，地震勘探可以用于识别地质断层、地下溶洞等对工程安全可能构成威胁的地质结构，为工程设计和施工提供准确的地质信息。

电磁勘探是另一种常用的地球物理勘探方法，其原理是利用电磁场与地下岩土介质的相互作用来获取地下结构信息。在电磁勘探中，通过在地表布置电磁发射器并记录地下岩土对电磁场的响应，然后通过数据处理和解释，可以获得地下岩土的电阻率、介电常数等信息，从而推断地下岩土层的性质和分布情况。电磁勘探在岩土工程中的应用主要包括地下管线检测、地下水资源勘察、土壤盐渍化调查等方面。例如，电磁勘探可以用于检测地下管线的位置和深度，评估地下水资源的分布和储量情况，指导土壤盐渍化的治理和改良工作。

除了地震勘探和电磁勘探之外，地球物理勘探技术还包括重力勘探、磁力勘探等方法，它们各自具有特定的应用领域和优势。例如，重力勘探可以用于识别地下岩层的密度变化，磁力勘探可以用于检测地下磁性物质的分布情况。这些地球物理勘探技术的综合应用，可以为岩土工程勘察提供更加全面和准确的地下信息，为工程设计和施工提供可靠的技术支持。

2.遥感技术

遥感技术在岩土工程勘察中的应用具有重要的意义。通过卫星遥感和航空遥感等技术，可以获取地表信息，并结合地形地貌特征，辅助地下岩土勘察工作。卫星遥感技术利用在地球轨道上运行的卫星，通过传感器获取地表反射、辐射等信息，可以实现对广大地区的快速、全面地观测。这些数据可以用于识别地表覆盖类型、地形特征、土地利用情况等，为地质勘察提供重要的背景信息。同时，航空遥感技术则通过在飞行器上安装传感器，对特定区域进行高分辨率的观测，可以获取更为详细的地表信息。这些数据可以用于地形地貌的精细刻画、地表特征的识别等，为地下岩土结构的分析提供重要的参考。

遥感技术在岩土工程勘察中的应用主要体现在以下几个方面。首先，遥感技术可以用于地质灾害的监测与评估。通过对遥感图像的分析，可以识别地质灾害隐患区域，如滑坡、泥石流等，为地质灾害风险评估提供依据。其次，遥感技术可以用于地下水资源的调查与评价。通过遥感图像的解译和分析，可以获取地表水体、湿地等信息，辅助地下水位、水文地质等参数的研究，为地下水资源的合理开发与利用提供支持。此外，遥感技术还可以用于工程地质环境评价、地质灾害风险评估等方面，为工程建设提供科学依据。

尽管遥感技术在岩土工程勘察中具有诸多优势，但也面临一些挑战和限制。例如，遥感图像的分辨率和精度受到传感器性能、云层遮挡等因素的影响，可能限制了其在复杂地形地貌区域的应用效果。此外，遥感数据的获取和处理需要专业的技术人员进行，成本较高，需要投入大量的人力、物力和财力。因此，在实际应用中，需要结合地面调查、实地勘察等多种手段，综合分析和评价遥感数据，提高其在岩土工程勘察中的应用效果和可靠性。

（三）数据处理技术的提升

1. 大数据分析技术

大数据分析技术在岩土工程勘察中的应用具有重要的意义。随着科学技术的发展和信息化水平的提高，勘察工作所获取的数据量呈现爆炸式增长的趋势。这就需要利用大数据分析技术对海量的勘察数据进行处理和挖掘，以发现其中隐藏的地质特征和规律性，为工程设计提供更加科学、准确的依据。

大数据分析技术的应用涉及数据的收集、存储、处理和分析等多个环节。首先，通过各种传感器、仪器和设备，可以获取包括地质构造、地层分布、地下水位等在内的大量勘察数据。这些数据以各种格式和类型存在，包括数字化地质剖面、钻孔数据、地震勘探记录等。其次，大数据分析技术通过建立大型数据库系统，对这些数据进行高效存储和管理，保证数据的完整性和可靠性。然后，利用数据挖掘、机器学习等技术手段，对海量的勘察数据进行处理和分析，发现其中的地质特征和规律。最后，将分析结果与工程设计需求相结合，为工程设计提供科学依据和技术支持。

大数据分析技术在岩土工程勘察中的应用可以体现在多个方面。首先，通过对勘察数据的统计分析和空间分析，可以发现地质构造、地层分布等方面的规律性，为地质条件的评价和预测提供依据。其次，利用大数据分析技术可以识别地质灾害隐患区域，预测地质灾害的发生概率，为工程设计和施工提供风险评估和防范措施。此外，大数据分析还可以用于地下水资源的评价和管理，分析地下水位、水质等参数的空间分布特征，为地下水资源的合理利用提供参考。

2.人工智能算法

人工智能算法在岩土工程勘察中的应用已经成为一种趋势，其能够结合大数据分析技术，实现对勘察数据的智能化处理和分析，从而提高数据分析的效率和准确性。人工智能算法是一种模仿人类智能思维过程的计算机算法，能够通过学习和优化，从海量数据中提取规律和特征，并做出相应的预测和决策。

在岩土工程勘察中，人工智能算法的应用主要包括数据处理、特征提取、地质参数反演等方面。首先，通过人工智能算法可以对海量的勘察数据进行智能化处理，包括数据清洗、归一化、压缩等，从而减少数据的冗余和噪声，提高数据的质量和可用性。其次，人工智能算法可以通过特征提取技术，从勘察数据中提取地质特征和规律性，如地下岩层的边界、地下水位的分布等，为后续的地质参数反演和分析提供依据。最后，人工智能算法可以利用机器学习、深度学习等技术，对地质参数进行反演和预测，如地下岩土的强度参数、地下水资源的储量等，为工程设计和施工提供科学依据。

人工智能算法在岩土工程勘察中的应用具有诸多优势。首先，人工智能算法能够快速、准确地处理海量的勘察数据，节省了大量的人力和时间成本。其次，人工智能算法能够从数据中挖掘出隐藏的地质特征和规律性，提升了数据分析的深度和广度。此外，人工智能算法具有自学习、自适应的特点，能够根据不断积累的数据和经验不断优化模型，提高了算法的稳定性和可靠性。

二、岩土工程勘察中的数据集成

（一）不同数据的整合

数据集成在岩土工程勘察中具有重要意义，它涉及整合不同来源、不同类型的数据，为工程设计和决策提供全面、准确的信息支持。数据集成包括勘察设备数据、勘察方法数据以及历史勘察数据等方面内容。

1.勘察设备数据的整合

岩土工程勘察所使用的各种勘察设备产生的数据具有不同的特点和格式。例如，地质雷达可以提供地下结构的反射波形数据，而钻孔机则提供地下岩土层的实际取样信息。通过整合这些不同来源的数据，可以获得更加全面和准确的地质信息。例如，在进行地下结构分析时，可以将地质雷达数据与钻孔机数据进行整合，以验证地下结构的特征和分布情况，提高对地下情况的理解和把握。

2.勘察方法数据的整合

岩土工程勘察采用了多种勘察方法，如地球物理勘探技术、遥感技术等，这些方法所获取的数据类型各异。地球物理勘探技术提供地下岩土的物理性质信息，而遥感技术则提供地表特征的空间分布数据。通过整合这些数据，可以综合分析地下和地表的地质情况，为工程设计提供多方位、多角度的信息支持。例如，将地球物理勘探数据与遥感数据进行整合，可以对地下岩土和地表地貌特征进行综合分析，为地质条件的评估提供更加全面的依据。

3.历史勘察数据的整合

历史勘察数据包括了以往勘察项目所获取的数据。这些数据可能涵盖了丰富的地质信息和工程经验。通过将历史勘察数据与新采集的数据进行整合，可以更全面地了解勘察区域的地质情况，发现其中的规律性和特征。这样的整合可以为工程设计提供更为可靠的依据，并减少重复勘察的成本和工作量。例如，通过对历史勘察数据进行分析，可以了解地质条件的变化趋势和周期性特征，为工程设计的风险评估提供更为准确的参考。

（二）统一的数据平台

在岩土工程领域，建立统一的数据平台是十分重要的。这样的平台能够促进数据的互操作性和共享性，为工程设计和决策提供更为可靠的数据支持。

1.数据标准化

数据标准化是建立统一的数据平台的基础。通过制定统一的数据格式和标准，可以确保不同数据源之间的数据能够互相兼容和交换。在岩土工程中，数据涉及的范围广泛，包括地质勘察数据、地下水监测数据、工程施工数据等。制定统一的数据标准可以使得这些数据在平台上进行统一管理和处理，便于数据的整合和应用。例如，针对地质勘察数据，可以制定统一的数据格式和标准，包括地层描述、岩土性质、勘察方法等，以便在不同项目和不同机构之间实现数据的互通和共享。

2.开放的数据共享机制

建立开放的数据共享机制是实现数据平台共享的关键。通过建立开放的数据共享机制，可以促进不同机构之间的数据共享与合作，实现数据的共享和互通。在岩土工程领域，涉及多方数据的获取和应用，包括政府部门、科研机构、勘察公司等。通过建立开放的数据共享平台或者开放数据接口，可以实现不同机构之间数据的共享和交换。这样的共享机制可以避免"数据孤岛"现象，充分利用各方的数据资源，提高数据利用效率，为工程设计和决策提供更为全面、准确的数据支持。

3.数据安全与隐私保护

在建立统一的数据平台的过程中，数据安全与隐私保护是至关重要的考虑因素。岩土工程数据涉及的信息可能包含敏感性较高的地质信息、工程施工方案等，因此需要采取有效的措施保护数据的安全和隐私。相关人员可以通过数据加密、权限管理、访问控制等技术手段，保护数据的安全性，防止数据泄露和非法访问，同时需要建立完善的法律法规和管理机制，规范数据的获取、使用和共享行为，保障数据的合法性和隐私性。

三、智能化应用

（一）机器学习技术

机器学习技术在岩土工程领域的应用正逐渐成为一种趋势，其在模式识别和预测模型方面的应用尤为突出。这些应用不仅可以提高地质条件和地下岩土状况的自动识别和评估能力，还能为工程设计和决策提供更加科学、准确的技术支持。

1.模式识别的应用

机器学习技术能够利用大量的勘察数据进行模式识别，从而识别地质特征和地下结构。在岩土工程中，这种模式识别的应用具有重要意义：

（1）地质特征的识别

通过机器学习技术对大量的地质勘察数据进行学习和分析，可以识别不同地质特征的模式。例如，可以识别不同岩层的类型、厚度和分布情况，以及地下水位的变化规律等。这些地质特征的识别可以为工程设计提供准确的地质信息，有助于工程师更好地了解地下岩土状况，采取相应的设计和施工措施。

（2）断层和构造的识别

机器学习技术还可以识别地下断层和构造的位置和走向。通过对地质勘察数据进行分析和学习，可以识别地层变形的特征，发现地下断层和构造的迹象。这对于工程设计和地质灾害预测具有重要意义，能够帮助工程师更好地评估地质风险，采取有效的防范措施。

2.预测模型的建立

除了模式识别，机器学习技术还可以建立预测模型，用于地质灾害的预测和预防。这些预测模型可以结合历史勘察数据和环境因素，对地质灾害发生的可能性和影响范围进行准确预测：

（1）地质灾害发生的概率预测

通过对历史地质灾害数据和环境因素的分析，可以建立地质灾害发生的概率预测模型。这种模型可以预测不同类型地质灾害（如滑坡、泥石流等）的发生概率，并评估其对工程和周边环境的影响程度。

（2）早期预警系统的建设

基于机器学习技术建立的地质灾害预测模型可以与实时监测数据和环境因素结合，建立地质灾害的早期预警系统。一旦预警系统检测到地质灾害可能发生，就可以及时向相关部门和人员发出预警信号，提高灾害应对能力和救援效率。

（二）智能化勘察设备

智能化勘察设备的研发是岩土工程领域的一项关键任务，其应用能够通过嵌入传感器和智能控制系统，实现对地质条件的实时监测和预警，从而为工程设计和施工提供及时、准确的信息支持，确保工程的安全性和可靠性。

1.实时监测地下岩土结构和地下水位

智能化勘察设备通过搭载各种类型的传感器，如位移传感器、压力传感器、湿度传感器等，能够实现对地下岩土结构和地下水位等地质条件的实时监测。这些传感器可以布设在地下岩土中，并通过智能控制系统实现数据的实时采集、处理和分析。通过对监测数据的实时分析，工程人员可以及时了解地质条件的变化情况，从而为工程设计和施工提供准确参考和决策支持。

2. 实现智能预警功能

智能化勘察设备不仅可以实现实时监测功能，还可以实现智能预警功能。通过智能控制系统对监测数据的自动分析和处理，可以发现地质条件的异常变化，并根据预设的预警规则发出预警信号。例如，当监测数据显示地下岩土结构出现异常变化时，智能控制系统可以发出预警信号，提醒工程人员及时采取加固措施，防止地质灾害的发生。这种智能预警功能可以有效降低工程风险，保障工程的安全性和可靠性。

第三章

地球物理勘探技术在复杂地质条件下的应用

第一节　地球物理勘探的原理与方法

一、地球物理勘探基本原理

（一）地球物理勘探概述

地球物理勘探是岩土工程领域中至关重要的一种勘探方法，其在获取地下介质结构和性质信息方面发挥着不可替代的作用。这一方法的核心在于通过测量地球各种物理场特征来揭示地下岩土的构造和性质。地球物理勘探的物理场主要包括地震波、电磁场、重力场和磁场等。

地震波是地球物理勘探中应用最为广泛的一种方法。地震波在地下介质中传播时会受到不同岩土层的影响，从而产生反射、折射和衍射等现象。通过分析地震波的传播特征，可以推断地下岩土结构的分布和性质。例如，地震波在不同介质中的传播速度和路径会受到地下岩土的密度、波速和弹性模量等因素的影响，从而可以推断地下岩土的类型、厚度和分布情况。

电磁场也是地球物理勘探中常用的方法之一。地下岩土对电磁场的响应会产生不同的电磁信号，通过测量这些信号的变化可以推断地下岩土的电性特征，如导电性、介电常数等。这些电性特征反映了地下岩土的成分、含水量和孔隙度等重要信息，对工程设计和地质研究具有重要意义。

此外，重力场和磁场也是地球物理勘探中常用的方法。重力场受地下岩土的密度分布影响，通过测量地表重力场的变化可以推断地下岩土的密度分布情况。而磁场则受地下岩石的磁性影响，通过测量地表磁场的变化可以推断地下岩石的磁性特征，如磁化强度、磁化方向等。这些磁性特征可以反映地下岩石的成分、矿物含量和构造特征，为地质勘察和资源开发提供重要依据。

（二）物理学原理在地球物理勘探中的应用

物理学原理在地球物理勘探中扮演着至关重要的角色，它们为工作人员提供了深入了解地下岩土结构和性质的重要手段。其中，地震波传播、电磁场感应、重力场引力和磁场变化等原理是地球物理勘探中常用的基本原理，它们各自在不同的勘探方法中得到了广泛的应用。

首先，地震波传播原理是地球物理勘探中最为经典和常用的原理之一。地震勘探利用地震波在地下介质中的传播特性，通过地震波在不同介质中的传播速度和路径来推断地下结构。地震波在不同介质中的传播速度和路径会受到地下岩土结构和性质的影响，因此可以通过分析地震波的传播特征来推断地下岩土的性质和构造。

其次，电磁场感应原理在电磁勘察中发挥着重要作用。电磁勘察利用地下介质对电磁场的响应特征来推断地下岩土性质。地下岩土的电导率和介电常数会影响电磁场的感应响应，因此可以通过测量地下电磁场的变化来推断地下岩土的性质和分布情况。

再次，重力场引力原理被广泛应用于重力勘察中。重力勘察通过测量地表引力场的变化来推断地下岩土的密度分布。地下岩土的密度不同会导致地表引力场的变化，因此可以通过测量地表引力场的变化来推断地下岩土的密度分布情况，进而推断地下结构。

最后，磁场变化原理在磁力勘察中发挥着重要作用。磁力勘察通过测量地表磁场的变化来推断地下岩石的磁性特征。地下岩石的磁性特征会影响地表磁场的变化，因此可以通过测量地表磁场的变化来推断地下岩石的磁性特征，进而推断地下结构。

（三）不同地球物理场的响应特征

不同地下介质对地球物理场的响应特征是地球物理勘探中的重要研究对象之一。这些地下介质包括岩石、地下水、岩层和断层等，它们具有不同的物理性质和构造特征，因此在地球物理场中表现各种各样的响应特征。

第一，岩石是地球物理勘探中常见的地下介质之一。岩石的密度、电导率和磁性等物理特性与其成分、结构和矿物组成密切相关。因此，不同类型的岩石在地球物理场中会表现不同的响应特征。例如，富含磁性矿物的岩石通常会对磁场产生较强的响应，而具有较高电导率的岩石则会对电磁场产生较强的响应。

第二，地下水也是地球物理勘探中重要的研究对象之一。地下水的存在会改变地下介质的电性和密度特性，从而影响地球物理场的响应。例如，含水饱和的地层通常具有较高的电导率，因此在电磁勘察中会表现明显的电性异常。此外，地下水的流动和分布也会对重力场产生一定的影响，从而产生重力异常信号。

第三，岩层和断层等地质结构也会对地球物理场产生各种不同的响应特征。岩层的存在会导致地震波的传播速度和路径发生变化，从而产生地震勘察中的地震波异常现象。而断层是地球表面地质构造的重要组成部分，其存在会导致地磁场和重力场的异常变化，因此在地球物理勘探中常被用来识别地下构造和划分地质单元。

二、常用地球物理勘探方法介绍

（一）地震勘察方法

1.地震反射法

地震反射法是地球物理勘探领域中一种广泛应用的方法，其原理是利用地震波在地下不同介质之间反射的特性来推断地下结构。这一方法常用于探测浅层地质构造、地下水资源、地下岩土结构等信息。在地震反射法中，通常使用爆炸源或震源器产生地震波，地震波在地下岩层之间传播时会发生反射和折射，然后由接收器记录。通过分析地震波的反射时间、振幅和波形等特征，地球物理学家可以推断地下岩层的分布、性质和界面情况。

地震反射法的应用范围非常广泛。首先，它在地质勘察领域中被广泛用于研究地下构造，如地层的分布、倾角、厚度等。通过分析反射地震波的振幅和波形，可以识别不同地层的特征，从而揭示地下岩石的组成和性质。其次，地震反射法在地下水资源勘察中也有重要应用。地下水层通常与不同的地质层相互分隔，利用地震反射法可以确定地下水层的分布范围和厚度，为水资源的合理开发和利用提供依据。此外，地震反射法还可用于地下工程勘察，如地铁隧道、水坝、桥梁等工程的勘察与设计中，可以通过地震反射法获取地下岩土结构信息，为工程施工提供技术支持。

在实际应用中，地震反射法还面临着一些挑战和限制。例如，地震波在传播过程中受到地下岩层的衰减和多次反射影响，可能导致地震波的能量衰减和失真，降低了地下结构的分辨率。此外，地下介质的复杂性也会影响地震波的传播。因此，在地震反射法的应用中，需要结合地质学、地球物理学和数学方法，综合分析地震波数据，以获取准确可靠的地下结构信息。

2.地震折射法

地震折射法是地球物理勘探领域中另一种常用的方法，其原理是利用地震波在地下不同介质之间折射的特性来推断地下结构。相比于地震反射法，地震折射法更适用于探测深部地质结构，因为它能够研究地下介质界面以下更深的地质情况。这使得地震折射法在地下岩层的深部勘察和油气资源勘探等领域有着广泛的应用。

在地震折射法中，地震波从震源处传播至地下介质的界面时，由于介质密度、波速等的变化，会发生折射现象。这种折射现象导致地震波改变传播方向，从而形成一种特殊的波形。通过分析地震波的折射角度、到达时间和波形等信息，地球物理学家可以推断地下结构的性质和边界情况。例如，地震波折射角度的大小可以反映介质界面的倾斜程度，而到达时间的延迟则可能暗示介质密度或波速的变化。

地震折射法在地球物理勘探中有着重要的应用价值。首先，它可以用于深部地质勘察，例如深层岩层、地下断层、构造变化等的研究。通过分析地震波的折射特征，可以获取更深层次的地质信息，为地下构造的解释提供依据。其次，地震折射法在油气勘探中也有着广泛的应用。地震波在地下油气层与非油气层之间发生折射时，会产生特殊的波形，通过分析这些波形可以判断地下油气储集情况和分布范围。

（二）电磁勘察方法

1.电磁感应法

电磁感应法是地球物理勘探中一种常用的方法，通过利用地下电磁场的变化来推断地下岩土性质和结构特征。这种方法在地球物理勘探领域具有广泛的应用，尤其在矿产资源勘探、地下水资源调查、环境地质调查等方面发挥着重要作用。

在电磁感应法中，通常通过在地表上布置发射线圈来产生交变电磁场。这些发射线圈通常由电流源提供电流，产生高频交变电磁场。随着电流在发射线圈中的变化，会在地下产生感应电流。地下不同介质对交变电磁场的响应会导致地下感应电流的变化，因此，通过测量这些感应电流的变化情况，可以推断地下岩石的电性特征，如电导率、介电常数等。

电磁感应法在地球物理勘探中有着重要的应用价值。首先，在矿产资源勘探中，地下矿体通常具有不同的电性特征，例如，矿石与围岩的电导率差异较大。通过电磁感应法可以探测地下矿体的存在和分布情况，为矿产资源的开发提供重要依据。其次，在地下水资源调查中，地下水含水层与岩石的电性特征也存在差异。通过电磁感应法可以识别地下水含水层的位置、厚度和含水量，为地下水资源的开发和管理提供技术支持。此外，电磁感应法还可以用于环境地质调查，例如检测地下垃圾填埋场的边界和污染情况等。

2. 电阻率法

电阻率法是地球物理勘探中常用的一种电磁勘察方法，其原理是通过测量地下电阻率的变化来推断地下岩土的性质和结构特征。这种方法广泛应用于地下水资源勘察、地质构造调查、环境地质调查等领域，在地质工程和资源勘探中具有重要的应用价值。

在电阻率法中，首先在地表上布置一对电极，通常称为发射极和接收极。然后，通过发射极施加电流，电流会在地下传播并受到地下岩土介质的阻碍。这种阻碍会导致电势差的产生，即在地下形成电位差。接着，测量地下各点的电位差，并记录其与发射电流之间的关系。通过分析这些数据，可以推断地下岩土的电阻率分布情况。

地下岩土的电阻率受到岩石种类、含水量、孔隙度等因素的影响，不同岩土层的电阻率差异较大。例如，含水量较高的地层通常具有较低的电阻率，而含水量较低的岩石或矿体则具有较高的电阻率。因此，通过测量地下电阻率的变化，可以推断地下水的存在、水文地质条件、地下岩土的性质和构造特征等信息。

电阻率法在地质工程和资源勘探中具有广泛的应用。在地下水资源勘察中，可以利用电阻率法探测地下含水层的分布、厚度和水质情况，为地下水资源的合理开发和利用提供技术支持。在地质构造调查中，电阻率法可以用于识别断裂带、褶皱带等地质构造特征，为地质灾害防治和工程设计提供依据。在环境地质调查中，电阻率法可以用于检测地下水污染、地下垃圾填埋等环境问题，为环境保护和治理提供技术支持。

（三）重力勘察方法

地表重力法是地球物理勘探中常用的一种方法，其基本原理是利用地球引力场的变化来推断地下岩土的密度分布情况。在地表重力法中，测量地表上的重力加速度的变化情况，通过分析这些变化，可以推断地下岩石的密度分布，从而了解地下岩土的结构和性质。

在实施地表重力法时，需要在勘察区域的地表布置一定数量的重力测量点，并利用重力仪等仪器进行重力测量。地球的引力场受到地下岩石密度分布的影响，不同密度的岩石会产生不同的重力场变化，因此通过测量地表上的重力加速度的变化，可以推断地下岩石的密度分布情况。

地表重力法的优点之一是可以探测到地下岩石密度的变化，从而提供了解地下构造和性质的重要线索。通过分析重力数据，可以确定地下构造的位置、形态和尺寸，推断地下岩石的类型、成分和特征，为地质构造和资源勘探提供重要信息。

地表重力法还可以用于探测地下水、油气藏等地下资源的分布情况。由于地下水、油气藏等地下储层通常具有较低的密度，因此它们会对地下重力场产生明显的影响。通过测量重力场的变化，可以推断地下储层的位置、规模和性质，为资源勘察提供重要的参考依据。

（四）磁力勘察方法

1.地表磁法

地表磁法是一种地球物理勘探方法，利用地球磁场的变化来推断地下岩石的磁性特征，包括磁化强度、磁化方向等，从而揭示地下岩石的构造、成分和性质。这种方法常用于寻找含矿岩体、探测地下断层和构造等地质结构，具有重要的地质勘察和资源勘探价值。

在地表磁法中，首先需要在勘察区域的地表布置一定数量的磁传感器或磁力计，用于测量地磁场的变化情况。地球的磁场在地表并不均匀，受到地下岩石磁性的影响而产生局部变化。这些变化可能由于地下含磁物质（如含铁矿）的存在而引起，也可能是地质构造（如断层、岩浆活动）所致。

通过测量地表磁场的变化，可以制作磁异常图或磁异常剖面图，揭示地下岩石的磁性特征和分布规律。具体来说，含矿岩体通常具有较强的磁性，因为它们含有磁性矿物，如铁矿、铁镁矿等。因此，当这些岩体位于地下时，会对地表磁场产生异常响应，形成磁异常区。通过对磁异常区的分析，可以推断其中可能存在的矿体类型、规模和分布。

此外，地表磁法也可以用于探测地下断层和构造。断层带通常会破坏地下岩石的连续性，使岩层的磁性发生变化，从而在地表上形成磁异常区。通过测量和分析这些磁异常区，可以确定断层带的位置、延伸方向和活动性质，为地质构造研究和地震灾害防治提供重要信息。

2. 地下磁法

地下磁法是地球物理勘探中常用的一种方法，其原理是通过在地表测量地下磁场的变化来推断地下岩石的磁性特征和地质构造。这种方法常被应用于寻找含矿岩体、勘察地下构造和探测地下水资源等领域，具有重要的地质和资源勘察价值。

在进行地下磁场勘察时，首先需要在勘察区域的地表布置磁感应仪器，如磁力计或磁力计阵列。这些仪器可以测量地下磁场的强度和方向。地下岩石的磁性特征会影响地下磁场的分布情况，不同磁性岩石具有不同的磁化强度和磁化方向，因此可以通过测量地下磁场的变化来推断地下岩石的类型、成分和分布情况。

地下磁法在勘察含矿岩体方面具有重要应用价值。由于不同岩石具有不同的磁性特征，矿床常常伴随着具有较高磁化度的岩石存在，通过测量地下磁场的变化，可以发现潜在的矿化体或矿床的存在。因此，地下磁法常被用于矿产资源勘察，为矿产资源的开发和利用提供重要的地质信息。

地下磁法还可用于勘察地下构造。地下岩石的磁性特征会受到地质构造的影响，例如，断裂、褶皱等地质构造可能改变地下岩石的磁性特征，进而影响地下磁场的分布情况。通过测量地下磁场的变化，可以推断地下构造的位置、形态和性质，为地质构造研究提供重要的线索和数据支持。

3. 磁梯度法

磁梯度法是一种重要的地球物理勘探方法，它利用地磁场的空间梯度来推断地下岩石的磁性特征。这种方法在地质勘察和资源探测领域具有广泛的应用，可以帮助识别地下构造、寻找矿产资源和探测地下水等。

在进行磁梯度法勘察时，首先需要在地表布置多个磁感应仪器，这些仪器通常被安装在一定间距的地表测量线上。然后，利用这些磁感应仪器测量地磁场的强度和方向，通过比较不同位置上的地磁场数据，可以计算地磁场的空间梯度变化。这种空间梯度反映了地磁场在空间上的变化率，可以反映地下岩石的磁性异常分布情况。

磁梯度法的原理是基于地下岩石的磁性特征对地磁场的影响。地下岩石的磁性异常会导致地磁场在空间上的变化，不同类型和性质的岩石可能会产生不同的磁性异常。通过测量地磁场的空间梯度变化，可以识别地下岩石的磁性异常分布，进而推断地下构造和岩体边界。

磁梯度法在地质勘察和资源探测中具有重要意义。首先，它可以帮助识别地下构造，如断层、褶皱等地质构造。这些构造对地下岩石的磁性异常会产生明显的影响。其次，磁梯度法还可以用于寻找矿产资源。不同类型的矿化岩石通常具有特定的磁性异常特征，通过测量地磁场的空间梯度变化，可以识别潜在的矿化体或矿床。此外，磁梯度法还可以用于探测地下水资源，地下水含有一定的磁性物质，因此也会对地磁场产生影响，通过磁梯度法可以推断地下水的分布情况和运动方向。

4.磁化率法

磁化率法是地球物理勘探中一种重要的方法，其原理是通过测量地下岩石对外部磁场的响应来推断其磁性特征。这种方法广泛应用于地质勘察、资源探测和环境监测等领域，具有较高的技术可行性和实用性。

在进行磁化率法勘察时，首先需要在地表布置磁感应仪器。这些仪器用于测量地下岩石对外部磁场的响应。地下岩石的磁化率是其对外部磁场的响应程度，通常受岩石成分、矿物含量和岩石结构等因素的影响。当地下岩石具有不同的磁化率时，其对外部磁场的响应也会有所不同。通过对地下岩石磁化率的测量和分析，可以推断其磁性特征和地质构造。

磁化率法在地质勘察中具有广泛的应用。首先，它可以帮助识别地下岩石的磁性特征，包括岩石的磁性异常、磁性矿物的分布情况等。这对于寻找矿产资源、探测地下构造和划分地质单元具有重要意义。其次，磁化率法还可以用于环境监测，如检测地下水位变化、监测地下水质污染等。地下水中含有一定的磁性物质，其对外部磁场的影响可以通过磁化率法进行检测和分析。

磁化率法还可以应用于勘察地下管线和探测地下洞穴等工作。地下管线和洞穴通常具有一定的磁性特征，通过对其磁化率的测量和分析，可以帮助确定其位置、形态和分布情况，为工程设计和施工提供重要的参考信息。

第二节　复杂地质条件下地球物理勘探的应用案例

一、复杂地质条件对地球物理勘探的影响

复杂地质条件包括地形起伏、岩土体的多样性、地下水等。这些因素会影响地球物理勘探的数据获取和解释。例如，地形起伏会导致地震波传播路径的弯曲和折射，岩土体的多样性会影响电磁场的传播和反射特性，地下水会改变地球物理场的响应特征等。

（一）地形起伏对地球物理勘探的影响

1. 地形起伏导致地震波传播路径的复杂性

在复杂地形条件下，地震波在地下介质中的传播路径会受到地形起伏的影响，导致地震波的传播路径变得曲折和复杂。地形起伏会引起地震波的折射、反射和散射，使得地震波的传播路径不再呈直线，而是在地下介质中蜿蜒曲折。这种情况下，地震波在传播过程中可能会发生多次反射和折射，使得地震波在接收器处形成复杂的波形，增加了数据解释的难度。

2. 地形起伏影响电磁场的传播特性

地形起伏会影响电磁场在地下介质中的传播和反射特性。在地形起伏较大的地区，地表电磁场会受到地形的遮挡和影响，使得电磁场在地下介质中的传播路径变得复杂。同时，地形起伏也会改变地下岩土体对电磁场的响应特性，导致电磁场在地下介质中的传播和反射呈现多样性，给数据解释带来一定的挑战。

（二）岩土体的多样性对地球物理勘探的影响

1.岩土体的多样性影响地震波的传播和反射

岩土体的多样性包括不同种类的岩石、土层及其组合方式。在复杂岩土条件下，地震波在不同岩土体之间的传播速度和衰减特性会发生变化，导致地震波的传播路径和波形发生改变。这种情况下，地震波在不同岩体之间可能会发生反射、折射和衍射，使得地震波在地下介质中的传播变得复杂，增加了数据解释的难度。

2.电磁场的传播和反射受岩土体特性影响

岩土体的多样性也会影响电磁场在地下介质中的传播和反射特性。不同种类的岩土体具有不同的电导率、介电常数等物理特性，导致其对电磁场的响应特性各异。在复杂岩土条件下，地下岩土体的多样性会导致电磁场的传播和反射变得复杂，增加了数据解释的难度。

（三）地下水对地球物理勘探的影响

1.地下水的存在改变地球物理场的响应特征

地下水的存在会改变地球物理场的响应特征，如地震波的传播速度、电磁场的传播路径等。地下水具有一定的导电性和介电特性，会对地震波和电磁场产生衰减和散射效应，影响地球物理勘探数据的获取和解释。特别是在地下水丰富的地区，地球物理勘探数据往往会受到地下水的干扰，增加了数据处理和数据解释的难度。

2.地下水位变化引起地球物理场的变化

地下水位变化会引起地下介质的物理性质发生变化，进而影响地球物理场的响应特征。例如，地下水位下降会导致地下岩土体的密实度增加，改变其电导率和介电常数等物理特性，从而影响地下电磁场和重力场的传播特性。因此，在地下水情况复杂的地区进行地球物理勘探时，需要充分考虑地下水的存在和变化对勘察数据的影响，采取相应的数据处理和解释方法，以提高数据的准确性和可靠性。

二、地球物理勘探在复杂地质条件下的成功案例

LC二号煤矿面临地质条件不明等重大安全生产隐患问题，为应对这一挑

战，采用了三维地震勘探技术进行勘察。通过这项技术，对 LC 二号煤矿所在区域的构造、2 号煤层以及黄土梁上覆盖层的情况进行了全面勘探，取得了一系列高质量的地质资料。这些资料具有高信噪比、高分辨率和高保真度，为矿井的安全高效生产提供了重要的地质依据。

研究结果显示，在勘探区域，煤系地层整体上呈现单斜构造，且在该单斜构造上发育着次一级的褶曲和正断层。此外，2 号煤层的沉积较为稳定，其厚度为 0.80~0.95 m。在南北部地区，黄土梁上覆盖层的厚度在 50~100 m，且总体分布规律与地形变化规律基本一致。

这一成功案例充分展示了三维地震勘探技术在复杂地质条件下的应用潜力。通过该技术，LC 二号煤矿获得了关键的地质信息，为矿山的安全生产提供了可靠的支持。这种勘探方法不仅提供了对地下构造和煤层情况的准确描述，还为矿井的规划和管理提供了重要参考。因此，这个案例不仅在实践中取得了成功，而且对于地球物理勘探技术的发展和应用也具有重要的启示意义。

（一）工程概况

LC 二号煤矿位于陕北黄土高原南部的黄陵矿区西北部，占地面积为 175.7 平方千米，设计产能为 90 万吨／年。该矿区主要开采侏罗系中统延安组 2 号煤层，是唯一具有工业价值的可采煤层。该煤层共分为七个采区，可采厚度在 0.80~1.95 m，平均可采厚度为 1.22 m，埋深在 500~700 m，煤层底板标高在 610~850 m。2 号煤层赋存稳定，结构简单，大部分可采，属于厚度稳定的薄至中厚煤层。其顶底板主要由粉砂岩、细粒砂岩组成，局部为泥岩或砂质泥岩，呈厚层状，与煤层围岩的物性差异明显。

为了提供更可靠的地质依据，LC 二号煤矿决定对一采区进行三维地震勘探工作。此次勘探旨在查明构造发育情况，并确定主要可采煤层底板的起伏形态和赋存范围。该矿区位于复杂的中低山丘陵区，海拔为 1104~1366 m，地形起伏较大，最大高差约为 262 m。矿区内沟谷纵横，沟谷狭窄，植被茂密，地震地质条件复杂。

这些工程概况描述了 LC 二号煤矿所处的地质环境和勘探目标，对矿区的详细描述和勘探计划的规划有助于实施合适的勘探方案，提高资源开发的效率和安全性。同时，这也为类似矿区的地质勘探提供了重要的参考。

（二）三维地震勘探关键技术

三维地震勘探是一种先进的地球物理勘探技术，采用了多种关键技术来获取高质量的地质数据。以下是三维地震勘探关键技术的详细介绍：

静校正处理技术是三维地震勘探中的重要环节之一。该技术采用了三维折射波静校正技术，通过高程校正、确定低降速带速度参数、确定炮检距范围以及试验确定高速层平滑参数等步骤，解决了该地区的长、短波长静校正问题。静校正处理技术的应用可以提高地震数据的质量和准确性，为勘探工作提供可靠的数据支撑，提高勘探效率。

叠前去噪技术是为了提高数据处理的精度而采用的关键技术之一。针对现场实测数据中的干扰波，采取了自适应面波衰减技术和区域滤波技术，以及叠前 RNA 随机噪声衰减技术，对面波干扰和随机噪声进行处理，从而提高了数据的清晰度和可读性。

振幅处理技术用于解决地震波振幅异常变化的问题。通过球面扩散补偿和地表一致性振幅技术，对地震波振幅的异常变化进行处理，有效掌握原始资料振幅能量的变化，并评估振幅补偿效果，提高了数据的准确性和可靠性。

反褶积处理技术是对地震子波进行处理的关键技术之一。通过地表一致性处理技术，消除由不同激发和接收条件引起的子波异常，增强地震子波的稳定性，并进行预测反褶积，以提升数据的纵向分辨率和地层解释能力。

偏移成像处理技术是用于消除地下倾斜界面对反射波的影响，以清晰地描述地层构造特征的关键技术之一。采用偏移成像处理技术，可以获取具有高分辨率和明显波粒特征的成像数据，为地质勘探提供了重要的信息和依据。

这些关键技术的应用使得三维地震勘探在复杂地质条件下取得了成功，并为资源勘探和地质工程提供了可靠的数据支持。

（三）勘探方法

本次三维地震勘探的范围位于一采区，涵盖了东西两个区块。为了实施勘探工作，采用了规则束状 12 线 10 炮三维观测系统。规则束状 12 线 10 炮三维观测系统参数如表 3-1 所示。勘探过程中采用了 SmartSolo 节点地震仪，其参数设置为采样间隔 1.0 ms、记录长度 1.5 s、前放增益 12 dB、记录格式为 SEG-D，并采用全频段接收。在基岩区域，采用了单井激发方式，并深打至基岩面以下 3 m，药量为每井 2 kg；而在黄土覆盖区域，则采用了 3 井组合激发方式，组内距为 5 m，井深深至潮湿的红土层内，药量为每组井（1+2+1）kg。为了确保接收装置与地面良好耦合，使用了一个 10 Hz 检波器，并将其插直、插实。此次勘探的面积为 2.15 平方千米，满覆盖面积为 2.5 平方千米，实际施工面积达到 6.0 平方千米，共设计了 1220 个地震生产物理点。

这一勘探方案充分考虑了地质条件的多样性，采用了不同的激发方式和参数设置，以确保获取高质量的地震数据。规则束状 12 线 10 炮的三维观测系统可以有效覆盖勘探范围，SmartSolo 节点地震仪具有灵敏度高、数据记录精确等优点，适用于复杂地质环境下的勘探。同时，针对基岩区和黄土覆盖区的不同特点，采用了不同的激发方式和药量，以保证勘探数据的准确性和可靠性。通过这一勘探方案，可以为后续地质工程提供可靠的地质数据支持，为矿山的安全生产和资源开发提供重要依据。

表 3-1　规则束状 12 线 10 炮三维观测系统参数

名称	参数	名称	参数
观测系统类型	12 线 10 炮，规则束状，中间放炮	激发炮点距 /m	20
接收道数 / 道	1440（12 线 ×120 道）	CDP 网格	10m（横）×5m（纵）
接收线数 / 条	12	叠加次数 / 次	25（横 5× 纵 5）
接收线距 /m	40	最大非纵炮检距 /m	660.48
接收道距 /m	10	最小炮检距 /m	14.14
激发炮排距 /m	120	偏移距 /m	10

（四）成果解释

地震反射波地质属性的标定是地质构造解释的基础，充分利用区内钻孔资料，通过钻孔资料与实际时间剖面对比，确定反射波的地质属性。在确定有效波与主要地质层位之间的对应关系后，以波的强相位对比为主，结合有效波的波形特征、能量特征、波组特征等，进行全区反射波的追踪对比分析。地层的埋深及岩性的横向变化会引起地震层速度、平均速度的变化，为确保反射层构造形态及埋深的准确性，必须建立空间的准确的平均速度场。此次三维地震勘探解释采用了 13-5、13-6、13-7、14-4、14-5、14-6 等钻孔进行时深转换速度标定，对不同的钻孔分别算取其时深转换速度值，采用以上钻孔来标定平均时深转换速度，并以此来建立平均速度场。

1. 构造

断层破碎带引发的地震波动力学特征的差异在地球物理勘探中具有显著影响。这种影响主要体现在反射波的能量减弱甚至缺失，以及反射波的波形和频率发生明显变化。在进行统一基准面校正之后，时间剖面上煤系地层反射波的起伏形态可以直观地反映煤系地层的褶曲形态。由于地层并非水平，水平切片不仅包含目的层的信息，还包含了许多不同层位从上至下延伸到该时间的信息，因此等时切片上的轮廓线相当于等时线。通过对一系列以时间为顺序的等时切片进行分析，可以了解目的层水平方向的特点，如地层走向、主要的空间构造、平面分布等。

通过对一系列数据的处理与分析，成功解释了勘探区内的两个褶曲构造（B1 背斜和 X1 向斜）以及六条正断层。断层控制情况如表 3-2 所示。这些数据处理与分析工作为勘探区的地质构造特征研究提供了重要的基础，为后续的地质工程和资源开发提供了重要的依据。特别是对于勘探区内的断层破碎带及其特殊的地震波动力学特征，以及构造的准确定位和评估具有重要意义，为勘探区的开发与利用提供了科学支撑。

表 3-2　断层控制情况

断层编号	性质	走向	倾向	倾角 /°	落差 /m	延展长度 /m	控制程度
DF1	正	近	N	80	0 ~ 4	932	较可靠
DF2	正	近	N	70	0 ~ 3	470	可靠
DF3	正	近	N	75	0 ~ 3	463	较可靠
DF4	正	近	S	86	0 ~ 5	1068	可靠
DF5	正	近	N	81	0 ~ 3	634	较可靠
DF6	正	近	S	86	0 ~ 3	423	较可靠

2. 2 号煤层赋存

本次勘探范围内的 2 号煤层厚度变化与反射波振幅和能量之间存在一定的关系。研究表明，当煤层厚度小于地震波波长的 1/4 时，地震振幅与煤层厚度呈正相关关系。在本次勘探范围内，2 号煤层的厚度为 0.80~0.95 m，远小于地震波波长的 1/4。因此，通过对 2 号煤层沿层均方根与平均能量属性的对比分析，发现区域振幅基本稳定，说明了该区域 2 号煤层的沉积较为稳定。

在勘探区域内，2 号煤层的厚度变化较小，整体上呈现向斜轴部煤层厚、背斜轴部煤层薄的趋势。具体来说，煤层最薄的部分位于勘探区西北部边界处，其厚度约为 0.8 m；而最厚的部分则位于勘探区东部 X1 向斜轴部，其厚度约为 0.95 m。这种空间分布上的厚度变化特征可能与地质构造的影响有关，但整体上表明了 2 号煤层在该勘探区域内具有一定的稳定性。这些关于 2 号煤层厚度变化的信息对于后续的煤炭资源开发和矿井设计具有重要的参考价值。

3. 覆盖层赋存

本次三维地震勘探的解释结果显示，覆盖层主要由第四系松散层和第三系红土层组成。针对覆盖层厚度的研究，采用了一系列地震数据处理和分析方法。

首先，利用三维地震数据体，我们追踪了基岩顶面界面，并通过时深转换，计算了基岩顶面的标高。这一步骤的目的在于确定基岩面的位置，为后续的厚度计算提供基础。

其次，利用地震测量所得的地表高差，我们将基岩顶面的标高从地表高度中减去，从而得到了覆盖层的厚度变化趋势。这一计算方法能够较为准确地反映覆盖层的厚度，为地质构造和地下水等方面的研究提供了重要依据。

通过对覆盖层厚度的分析，可以了解覆盖层在勘探区域内的分布情况及厚度变化规律。这些信息对于地下水资源的勘察、地质灾害的评估以及工程建设的规划都具有重要意义。同时，对覆盖层的研究也有助于理解地表形成过程以及地质演化历史，为地质学领域的研究提供了有价值的数据支持。

（五）案例启示

1. 构造特征对地质勘探的影响

煤系地层在该区域呈现明显的单斜构造，且发育次一级的褶曲构造和多条正断层。这些构造特征不仅反映了地质构造的复杂性，也影响了地下煤层的赋存情况。因此，在进行地质勘探时，需要充分考虑区域内的构造特征，以便更准确地识别地质构造和矿层分布，从而指导勘探工作的实施。

2. 煤层稳定性与勘探效果的关系

通过勘探数据分析发现，勘探区的 2 号煤层沉积较稳定，煤层厚度变化较小。这表明地质构造和地层稳定性对煤层的分布和厚度具有重要影响。因此，在进行煤层勘探时，需要充分了解地质构造和地层稳定性的情况，以提高勘探效果和准确性。

3.地形与覆盖层厚度的关联性

覆盖层厚度总体分布规律与地形变化规律基本一致，即地形高的地区覆盖层较厚，地形低的地区覆盖层较薄。这提示了地形特征对覆盖层的形成和分布具有一定的影响。因此，在进行覆盖层勘探时，需要充分考虑地形特征，以确定覆盖层的分布范围和厚度变化规律，为工程建设和资源开发提供参考依据。

第三节　地球物理数据处理与解释技术

一、地球物理数据处理流程

（一）数据采集

1.选择适当仪器

（1）地震仪选择

根据勘察区域的地质条件和勘察目的，选择合适的仪器。例如，对于复杂地质条件下的勘察，可能需要高分辨率的地震仪，以便更好地分辨地下结构。

（2）电磁仪选择

根据勘察目标确定采用的电磁仪类型，如频率域电磁仪等。不同类型的电磁仪适用于不同的地质条件和勘察深度。

（3）其他仪器选择

根据具体的勘察需求，可能还需要选择其他类型的地球物理仪器，如重力仪、磁力仪等，以获取更全面的地下信息。

2.确定采集参数

（1）采样率确定

根据勘察目标和仪器要求确定采样率，通常需要在保证数据质量的前提下尽可能提高采样率，以获取更丰富的地下信息。

（2）采集频率确定

根据勘察目标和地质条件确定采集频率，不同频率的数据对地下结构的分辨能力不同，需要根据具体情况进行选择。

（3）采样间隔确定

采样间隔的选择直接影响到数据的空间分辨率，需要根据勘察区域的地质结构和勘察深度进行合理确定。

3.布设采集点

（1）覆盖范围和密度

在勘察区域内合理布设采集点，保证覆盖范围和密度的合理性，以获取全面和可靠的地球物理数据。需要考虑地质结构的复杂性和勘察目标的重要性，合理确定采集点的分布密度。

（2）布设方式

根据地质条件和仪器特点选择合适的布设方式，如等间距布设等面积布设等，以确保采集点的均匀分布和数据的有效覆盖。

4.实地采集操作

（1）仪器的准确性和稳定性

在实地采集操作中，需要确保仪器的准确性和稳定性，避免因仪器故障或误差导致的数据失真或丢失。

（2）记录环境因素和操作参数

在采集过程中及时记录环境因素和操作参数，如气温、湿度、地形等，以便后续数据处理和解释参考和分析。

（二）数据预处理

1.质量检查

（1）数据完整性评估

对采集的原始数据进行检查，确保数据的完整性和连续性。缺失的数据可能会影响后续数据处理的准确性和可靠性。

（2）采样率评估

评估数据的采样率是否满足勘察需求，采样率过低可能导致数据丢失或信息不足，影响后续数据分析的效果。

（3）信噪比评估

对数据的信噪比进行评估，较低的信噪比可能会影响数据的清晰度和解释的准确性，需要针对性地进行后续处理。

2.滤波处理

（1）高频噪声去除

采用滤波技术去除原始数据中的高频噪声，提高数据的清晰度和可读性，有助于更准确地识别地下结构。

（2）低频干扰去除

对原始数据中的低频干扰进行滤波处理，以减少地面和仪器等因素引入的低频成分，提高数据的信噪比和解释的准确性。

（3）滤波参数选择

根据勘察区域的地质条件和勘察目的，选择合适的滤波参数，如滤波频率、滤波器类型等，以达到最佳的数据处理效果。

3.校正和修正

（1）仪器误差校正

对采集设备可能存在的误差进行校正，如时间漂移、增益漂移等，以确保数据的准确性和可靠性。

（2）系统漂移修正

对系统可能存在的漂移进行修正，如温度漂移、地形变化等，以提高数据的稳定性和一致性，确保数据的质量。

（3）校正参数记录

在校正和修正过程中及时记录相关参数和操作步骤，以便后续数据处理和解释的参考和分析。

（三）数据处理

1.选择合适的算法和技术

（1）地震数据处理算法

地震数据处理通常涉及叠加、滤波、校正等步骤。针对地震数据的叠加处理，可以采用叠加算法，如共中心点叠加等，以提高数据的信噪比和分辨率。对于滤波处理，可以采用不同类型的滤波器，如低通滤波器、带通滤波器等，根据异质结构的频率特征选择合适的滤波器参数。

（2）电磁数据处理技术

电磁数据处理主要包括滤波、去噪等步骤。采用数字滤波技术对电磁数据进行频域处理，可以去除高频噪声和低频干扰，提高数据的质量和清晰度。同时，可以应用小波变换等去噪技术，有效地降低数据中的噪声干扰，提高地下结构的识别能力。

2.数据格式转换和重采样处理

（1）数据格式转换

在数据处理过程中，可能需要将数据转换为不同的格式，以适应不同的软件平台或数据分析需求。常用的数据格式包括 SEG-Y、SEG-D 等，在转换过程中需要考虑数据的完整性和准确性。

（2）重采样处理

数据重采样是指对数据进行采样率的调整，以满足后续数据处理和解释的需要。可以根据地质勘察的精度要求和数据存储容量等因素，选择合适的重采样方法，如插值法、抽取法等，确保数据的有效利用和分析。

3.时域分析和频域分析

（1）时域分析

时域分析是对数据在时间域上的特征进行分析，常用于地震数据的波形分析和时窗分析。通过时域分析可以提取地下结构的波形特征，如反射波的振幅、到时等信息，为后续地质解释和结构模型构建提供依据。

（2）频域分析

频域分析是对数据在频率域上的特征进行分析，常用于电磁数据的频谱分析和滤波处理。通过频域分析可以了解地下结构的频率响应特征，如电阻率、磁化率等信息，为地质结构的识别和解释提供支持。

二、数据解释与模型构建

（一）地震数据解释

1.波形分析

（1）振幅分析

通过振幅分析可以了解地下不同介质的反射特征。振幅的变化反映了地下界面的性质和位置。强烈的反射通常表示界面的存在或变化，而弱的反射可能表示地层的均一性或地下介质的变化。

（2）频率分析

频率分析是对地震波在频域上的特征进行分析，不同频率的波形反映了地下不同岩层的特性。高频波通常受到地下介质的影响较小，而低频波更容易受到地下岩层的影响，因此频率分析有助于判断地下岩性的变化。

（3）波形特征分析

波形特征包括波形的形状、周期和振幅等方面的特征。不同类型的地质结构会对地震波形产生不同的影响，通过对波形特征的分析可以推断地下结构的类型和性质。

2.地下岩层推断

（1）传播路径分析

地震波在地下岩层中的传播路径受到地下介质性质和结构的影响，通过分析地震波在地下的传播路径，可以推断地下岩层的分布和性质。

（2）岩层界面推断

根据地震波在地下的反射和折射特征，推断地下不同岩层的界面位置和分布。岩层界面的推断有助于理解地下岩性的变化和构造特征。

3.地下结构解释

（1）地震波反射理论

地震波在地下的反射和折射现象受到地下介质性质和结构的影响，通过地震波反射理论的解释，可以推断地下结构的复杂性和特征。

（2）结构特征解释

地震数据解释可以揭示地下断层、褶皱、岩性变化等地质构造特征，有助于理解地下结构的形成和演化过程。

4.速度模型构建

（1）数据处理和分析

通过地震资料的处理和分析，获取地下不同介质的速度信息，为速度模型的构建提供基础数据。

（2）速度模型构建方法

采用地球物理反演方法，将地震数据转化为地下速度模型，包括地下岩层的速度分布和界面位置等信息。

（3）速度模型验证和修正

将构建的速度模型与实际地质资料进行对比和验证，对模型进行修正和优化，提高模型的准确性和可靠性。

（二）电磁场数据解释

1.电磁参数分析

（1）电阻率分析

电阻率是指物质对电流的阻碍程度，不同的岩土体具有不同的电阻率特征。通过对采集的电磁场数据中电阻率的分析，可以推断地下岩土体的类型和性质。

（2）感应电流分析

感应电流是指地下岩土体对电磁场感应产生的电流，其大小和分布反映了地下岩层的电性特征。通过分析感应电流的变化，可以了解地下岩层的厚度、含水量等信息。

2.地下岩层推断

（1）含水层推断

地下水具有较高的电导率，因此在电磁场数据中表现为较低的电阻率。通过分析电磁场数据中的电阻率变化，可以推断地下可能存在的含水层，为水资源勘察提供参考。

（2）矿体推断

某些矿体具有特定的电磁特性，如矿石的电导率或磁化率与周围岩石有所不同。通过对电磁场数据的解释，可以发现地下可能存在的矿体，为矿产资源的勘察提供线索。

3.异常解释

（1）异常电阻率区域

地下岩土体的电阻率不均匀分布可能导致电磁场的异常变化。通过对异常电阻率区域的解释，可以推断地下可能存在的地质构造或岩土体的变化。

（2）电磁异常体

在电磁场数据中可能出现的电磁异常体反映了地下岩土体的特殊性质，如含矿体、断裂带等。通过对电磁异常体的解释，可以揭示地下结构的特征和变化。

4.综合分析

综合分析在地球物理勘探中具有重要意义，特别是在电磁数据解释与地震数据解释方面的相互印证，能够为我们提供更全面的地下结构认识。通过将不同地球物理数据的结果进行综合分析，可以有效提高地下介质性质的准确性和可靠性。

电磁数据解释和地震数据解释是两种常用的地球物理勘探方法，各自具有独特的优势和局限性。电磁数据能够反映地下岩土体的电性和磁性特征，通过分析电磁场的变化可以推断地下岩层的性质和分布情况。而地震数据则通过分析地震波的传播路径和波形特征，揭示地下介质的声波特性和结构特征。将这两组数据的解释结果进行综合分析，能够相互印证，从而得到更加准确和可靠的地下结构信息。

综合分析不同地球物理数据的结果，可以发现它们之间的一致性和差异性。在一致性方面，如果电磁数据和地震数据的解释结果相符，可以增强对地下结构研究的信心。例如，电磁数据解释显示地下存在异常电阻率区域，而地震数据解释显示在同一区域存在地下构造异常，这就相互印证了两种数据的解释结果。在差异性方面，如果两种数据的解释结果存在差异，需要深入分析其原因，并尝试找到合理解释。例如，电磁数据解释显示存在矿体，而地震数据未能明确显示对应的异常，可能是由于矿体的特殊性质导致了地震波的衰减或反射不明显，需要结合其他地质信息进行进一步研究。

综合分析不同地球物理数据的结果还可以提供更加全面的地下结构认识。电磁数据和地震数据各自具有一定的局限性，但它们又能够相互补充，通过综合分析可以弥补各自的不足，得到更加全面和准确的地下结构信息。例如，电磁数据可以提供关于地下水和矿产资源的信息，而地震数据则能够揭示地下岩层的声波特性和结构特征，综合分析可以为地质勘察、水资源评价和矿产资源勘察提供更为全面和可靠的数据支持。

（三）模型构建

1.地下结构模型建立

建立地下结构模型是地球物理数据解释的重要环节。它将地震和电磁数据解释结果转化为可视化的地质模型，为地下结构的理解提供了直观的表达和参考。这一过程涉及地层分布、岩性特征、断裂构造等多个方面的信息，需要综合考虑不同地球物理数据的解释结果。

首先，基于地震数据的解释结果，可以确定地下岩层的分布和特征。地震数据可以提供地下岩石的声波特性，通过分析地震波的反射和折射情况，可以推断不同岩层之间的界面和边界。根据地震波的传播路径和波形特征，可以识别地下岩石的类型、厚度和构造特征，从而建立地层的分布模型。

其次，电磁数据的解释结果可以为地下结构模型的构建提供补充信息。电磁数据能够反映地下岩土体的电性和磁性特征，通过分析电磁场的变化可以推断地下岩层的性质和分布情况。例如，电磁数据可以揭示地下含水层、矿体等特殊地质构造，为地下结构模型的建立提供重要线索。

在建立地下结构模型时，还需要考虑断裂构造等地质构造特征。断裂构造是地球表面上岩石断裂和错动形成的地质构造，对地下结构有着重要的影响。通过地震数据和电磁数据的解释，可以识别地下的断裂带和构造线，并进一步分析其空间分布和形态特征，从而建立地下断裂构造模型。

2.物理参数反演

物理参数反演是地球物理勘探中的一项关键任务，通过该方法可以对地下介质的物理参数进行定量描述，包括密度、速度、电阻率等。这些物理参数是地下岩石和土层的重要性质，对地下结构的理解和分析具有重要意义。

在物理参数反演的过程中，首先需要收集大量的地球物理数据，如地震数据、电磁数据等。这些数据包含了地下介质对地球物理场的响应，通过分析这些响应可以推断地下介质的物理参数。物理参数反演的方法多种多样，常见的包括反演算法和数值模拟等。

反演算法是常用的物理参数反演方法之一，其基本思想是通过数学模型描述地下介质和地球物理场之间的关系，然后根据观测数据反推地下介质的物理参数。反演算法可以分为线性和非线性两种类型，其中非线性反演算法（如梯度下降法、遗传算法等）在复杂地质条件下具有较好的适用性。

另一种常用的物理参数反演方法是数值模拟，即通过数值模型对地下介质进行建模，然后与实际观测数据进行比较，调整模型参数以使模拟数据与观测数据吻合。数值模拟通常需要借助计算机进行大规模计算，能够较准确地反映地下介质的物理参数分布情况。

物理参数反演的结果通常以地下介质的物理参数剖面图或三维模型的形式呈现，可以直观地显示地下岩石和土层的密度、速度、电阻率等物理特性。这些物理参数的准确描述对地质勘察、资源勘探、地下水资源评价等领域具有重要的应用价值。

3. 三维模型可视化

利用地球物理软件进行三维模型的可视化是地球科学领域中常见的重要工作之一。这一过程涉及将地下结构的复杂性以直观的方式展现，为工程设计、资源勘察等提供了重要的地质信息支持。

首先，地球物理软件通常能够处理各种地球物理数据，如重力、磁力等数据。这些数据反映了地下介质对地球物理场的响应，通过合理处理和解释这些数据，可以推断地下结构的特征。

其次，利用地球物理软件进行三维模型的构建和可视化，需要借助地球物理数据的解释结果。例如，地震数据的解释结果可以提供地下岩层的分布、速度信息，而电磁数据的解释结果则能够反映地下岩层的电性和磁性特征。将这些解释结果与地球物理数据进行关联，可以构建地下结构的三维模型。

在构建三维模型时，地球物理软件通常提供了丰富的功能和工具，包括数据处理、模型建立、可视化等方面。通过这些功能，用户可以将地下结构的复杂性以直观的方式展现，包括地层的分布、断裂构造、岩性变化等。

再次，三维模型的可视化为工程设计和资源勘察提供了重要的参考信息。工程设计人员可以通过三维模型了解地下结构的分布情况，从而合理规划工程方案；而资源勘察人员则可以通过模型的可视化来识别潜在的矿产资源分布区域，指导勘察工作的展开。

4. 模型验证与修正

模型验证与修正是地球物理模型构建过程中至关重要的一环。这一过程涉及将地球物理模型与实际地质资料相结合，通过对比和验证，进一步提高模型的准确性和可靠性，从而确保模型结果的科学可信度。

第一，模型验证的核心在于将地球物理模型与实际地质观测数据相匹配。这些地质观测数据可能包括钻孔资料、地质剖面、岩石样品分析结果等。通过对比模型预测的地下结构与实际观测到的地质情况，可以评估模型的准确性，并识别可能存在的差异和不足之处。

第二，模型验证还需要考虑不同地质特征对地球物理数据响应的影响。地球物理数据往往受到地下岩层的多种因素影响，如岩性、孔隙度、饱和度等。因此，在模型验证过程中，需要综合考虑这些因素，并根据实际地质资料对模型进行修正，以便更准确地反映地下结构的复杂性。

第三，模型验证还可以采用交叉验证的方法。这包括将地球物理数据分成训练集和测试集，利用训练集构建模型，然后利用测试集对模型进行验证。通过这种方法，可以验证模型的泛化能力和稳健性，进一步提高模型的可靠性。

第四，在模型验证的基础上进行修正是确保模型准确性的关键步骤。修正可以包括调整模型参数、优化模型算法、增加地质约束等。通过持续进行模型修正和改进，可以不断提高地球物理模型的准确性和可靠性，使其更好地反映真实地质情况。

第四章

遥感技术在复杂地质条件下的岩土工程勘察中的应用

第一节　遥感技术的基本原理

一、遥感概述

（一）遥感的定义

遥感是一种重要的地球科学技术，通过传感器获取地球表面、大气以及水体等目标的信息，进行观测、测量和分析的技术手段。其基本原理是利用传感器接收目标发射或反射的电磁波，通过分析这些波的特征参数来获取目标的相关信息。这些信息可以包括地表覆盖类型、地形地貌、大气组成、水体分布等。遥感技术的应用范围非常广泛，涉及地质勘察、环境监测、农业生产、城市规划等领域。

在遥感技术中，传感器是至关重要的组成部分。传感器可以是卫星、飞机、无人机等的设备，也可以是地面站点上的设备。这些传感器能够接收地表或大气反射、辐射的电磁波，根据不同波段的特征来捕获目标区域的信息。电磁波的波长范围广泛，从长波到短波、从可见光到红外线和微波，遥感技术可以利用这些不同波段的电磁波来获取目标的不同特征。

遥感技术的优势在于其能够实现远距离、全天候、多时相的观测。传统的地面观测方法受限于地理条件和观测时段，而遥感技术则能够克服这些限制，实现对地表和大气的全面监测。通过遥感技术获取的数据可以进行数字化处理和空间分析，生成各种地图、遥感影像以及数值模型，为各个领域的研究和应用提供了重要的数据支撑。

（二）遥感的分类

遥感技术作为一种重要的科学方法，根据其获取数据的方式的不同，可分为航空遥感与卫星遥感两大类，以及根据数据的波段范围的不同分为多光谱遥感、高光谱遥感和雷达遥感。

1. 航空遥感与卫星遥感

航空遥感与卫星遥感是遥感技术中两种主要的数据获取方式，它们在获取地球表面信息方面各具特点和应用场景。航空遥感是指利用载具（如飞机）进行数据采集的技术手段。在航空遥感中，传感器被安装在飞机等航空器上，通过飞行获取目标区域的图像和数据。这种方式具有灵活性高、分辨率较高等优点，可以根据需要调整飞行路径和高度，适用于对小范围、局部区域进行高分辨率、高精度的监测和观测。

相比之下，卫星遥感则是通过在卫星上搭载传感器，实现对地球表面信息的获取。卫星遥感的优势在于覆盖范围广、周期性强、数据获取成本相对较低等。通过卫星轨道，可以实现对整个地球表面的观测，提供了全球范围的数据支持。卫星遥感技术已经成熟，并且在气象、环境监测、资源调查等领域有着广泛的应用。

航空遥感和卫星遥感在实际应用中往往相辅相成。航空遥感可以提供高分辨率、高精度的局部数据，而卫星遥感则可以提供全球范围的数据覆盖，两者结合起来可以实现对地球各种尺度和复杂程度的监测和观测需求。同时，随着遥感技术的不断发展和卫星系统的不断完善，卫星遥感在分辨率、波段范围等方面也在不断提升，逐渐弥补了过去卫星遥感在空间分辨率等方面的不足。

2.多光谱遥感、高光谱遥感和雷达遥感

遥感技术根据其获取数据的波段范围的不同，可以分为多光谱遥感、高光谱遥感和雷达遥感。

多光谱遥感是一种常用的遥感技术，它主要利用可见光和红外光波段进行观测。这种遥感技术能够获取地表的基本信息，如土地覆盖类型、植被分布、水体分布等。通过对多光谱图像进行分析，可以识别不同的地物类型，并进行环境监测、资源调查和土地利用规划等工作。

相较于多光谱遥感，高光谱遥感在光谱波段上具有更高的分辨率和更丰富的信息。它在多光谱遥感的基础上增加了更多的光谱波段，通常包括可见光、近红外、中红外和远红外等波段。这种遥感技术能够提供更加详细的地表信息，如植被类型、植被健康状况、土壤含水量等。高光谱遥感在农业、林业、环境监测等领域具有广泛的应用，可以实现对地表特征的精细化监测和定量化分析。

雷达遥感是利用微波波段进行观测的一种遥感技术。雷达系统发射微波信号并接收反射回来的信号，通过分析信号的幅度和相位信息，可以获取地表、地下和大气的相关特征。与光学遥感不同，雷达遥感具有穿透云层、不受天气影响等优点，因此在地质勘察、农业生产、水资源管理等领域有着重要的应用价值。例如，雷达遥感可以用于检测地下水资源、测量地表形变、监测海洋表面风浪等。

二、遥感技术的基本原理

（一）电磁波与遥感

1.电磁波的基本概念

（1）电磁波的物理性质

电磁波是一种波动现象，由电场和磁场的相互作用而产生。在真空中，电磁波以光速传播，并具有波长和频率等特性。根据波长的不同，电磁波可分为不同的波段，包括长波、短波等。

（2）电磁波在遥感中的作用

遥感技术利用电磁波与地球表面及大气的相互作用，通过传感器接收地表物体对不同波长电磁波的反射、散射、吸收和透射等信息，从而获取地表的相关信息。不同波段的电磁波与地表物体的相互作用具有一定的规律性，因此可以根据地表物体对电磁波的不同响应来推断地表的性质、构成和状态。

2.电磁波与遥感的关系

（1）电磁波在遥感中的应用

遥感技术通过接收地表反射、散射或透射的电磁波，获取地表信息，实现对地球表面的监测和分析。不同波段的电磁波对地表物体的相互作用方式不同，因此可以提供丰富的地表信息。例如，可见光波段可用于获取地表的颜色、形状和纹理等表面特征；红外线波段可用于识别植被健康状态和土壤含水量等。

（2）地表物体的电磁波响应

地表物体对电磁波的响应受其自身特性和表面状况的影响。不同的地表类型和材质对电磁波的反射、吸收和透射程度不同，从而表现不同的反射率和遥感特征。遥感技术利用地表物体的电磁波响应特征，可以推断地表的性质、构成和变化情况，为各种应用提供数据支持。

（二）反射原理

1.太阳辐射与地表物体的反射过程

（1）太阳辐射的特性

太阳是地球上最重要的能量来源之一，它发出的电磁波以太阳光的形式照射到地球表面。太阳辐射的光谱范围广泛，涵盖了紫外、可见光和红外等，它们的能量不同，具有不同的穿透力和反射性。

（2）地表物体的反射过程

当太阳光照射到地球表面时，地表物体会吸收部分光能，并将剩余的能量以电磁波的形式反射出去。这些反射的电磁波包含了地表物体的特征信息，如表面颜色、纹理和结构等。不同类型的地表物体对太阳光的反射率不同，导致了遥感图像在不同波段呈现不同的亮度和颜色。

2.反射率与地表信息获取

（1）反射率的定义

反射率是地表物体反射的电磁波能量与入射电磁波能量之比。它是描述地表物体对光线反射程度的参数，通常用百分比或分贝表示。

（2）反射率与地表信息获取

地表物体的反射率与其表面特征和物理性质密切相关。不同类型的地表物体在可见光、红外线和微波等不同波段的反射率具有明显的差异。这种差异为遥感技术提供了获取地表信息的依据。例如，植被在可见光波段的反射率较高，而在红外波段的反射率相对较低；水体在可见光波段的反射率较低，在红外波段的反射率较高。通过分析地表物体在不同波段的反射率，可以获取地表的植被覆盖程度、土壤类型、水体分布等信息，为地表特征的识别和分类提供了重要依据。

（三）多波段遥感

1.多波段遥感的概念

多波段遥感是一种利用不同波段的电磁波来获取地表信息的重要技术手段。在多波段遥感中，常用的波段包括可见光、红外线和微波等。每个波段的电磁波与地表物体的相互作用方式各异，从而提供了丰富多样的地表信息。

可见光波段是人类眼睛可见的光谱范围，通常包括波长在 $0.4\sim0.7\,\mu m$ 的光线。可见光波段对地表物体的反射率具有很高的敏感度，能够提供地表物体的颜色、形状和纹理等表面特征信息。因此，可见光波段在土地覆盖类型、植被分布和城市建筑等方面具有重要应用价值。

红外线波段包括近红外、中红外和远红外等不同波段，其波长范围为0.7~10000 μm。红外线波段对地表物体的反射和辐射具有不同的特性，可以反映地表物体的温度、湿度和植被健康状态等信息。特别是近红外和红外波段，对于植被的健康状态、水分含量和光合作用活动等具有较高的敏感度，因此在农业、森林资源调查和环境监测中得到广泛应用。

微波波段的波长范围通常在0.001~1.000 m，是一种穿透力较强的电磁波。微波波段能够穿透云层和大气，对地表的地形、土壤湿度和地下水等进行探测。在水资源调查、土壤湿度监测和地质勘探等领域，微波遥感技术具有重要的应用前景。

2.多波段遥感的应用

多波段遥感技术在地质勘察、资源调查、环境监测等领域的应用极为广泛，其优势主要体现在获取全面信息、提高数据准确性和效率、降低成本等方面。

第一，在地质勘察领域，多波段遥感技术可以提供多种地表信息，帮助识别地表岩石类型、地质构造和地形地貌等特征。通过对可见光和红外线遥感图像的分析，可以识别不同岩石的光谱特征，进而推断地质构造和岩层分布。而微波遥感则可以穿透云层和地表覆盖物，检测地下水资源的分布情况和土壤湿度情况，为地下水资源勘察和土地利用提供重要数据支持。

第二，多波段遥感技术能够通过组合和分析不同波段的信息，获取更加全面和准确的地表信息。通过综合利用可见光、红外线和微波等多种波段的遥感数据，可以获取地表覆盖类型、植被覆盖情况、土地利用变化等多方面的信息，为资源调查和环境监测提供更加详尽的数据支持。例如，可见光波段可以识别植被类型和覆盖程度，红外线波段可以反映植被健康状况，微波波段则可以探测土壤湿度和地下水资源分布情况，综合利用这些信息可以更全面地了解地表的特征和变化。

第三，多波段遥感技术还能够提高数据的准确性和效率，降低勘察成本。

传统的地质勘察和资源调查往往需要耗费大量的时间和人力物力，而多波段遥感技术可以通过卫星或航空平台快速获取大范围的遥感数据，提高数据获取的效率。同时，多波段遥感技术可以获取多种地表信息，减少了多次野外调查的需要，降低了勘察成本，提高了数据的经济性和实用性。

三、遥感的系统组成

遥感的系统组成可大致分为以下四部分：

（一）信息源

1.自然环境

（1）大气

大气是遥感信息传输的媒介，它对电磁波的传播有着至关重要的影响。大气的成分和结构使其对不同波长的电磁辐射产生吸收、散射和衰减等效应。了解大气对遥感信号的影响，尤其是进行大气校正，对于准确获取地表信息至关重要。

（2）地表

地表是遥感的主要信息源，涵盖了陆地、水体、植被以及建筑物等多种要素。在遥感领域，地表物体对电磁波的反射、辐射和吸收特性各不相同。这使得它们成为丰富多彩的遥感信息的提供者。

一是，陆地作为地表的重要组成部分，呈现多样的地貌特征和地形形态。从高山到平原，从河流到湖泊，地表的地形起伏和地貌特征在遥感影像中展现丰富的景象。不同地貌单元反射、吸收和辐射的方式各异，反映了地表在不同地理环境下的特征。此外，土地利用和覆盖类型也是地表的重要特征之一，农田、林地、草地等不同类型的土地在遥感影像中呈现不同的光谱特征，为土地资源管理和环境保护提供了重要的信息支持。

二是，水体作为地球表面的重要组成部分，在遥感中具有独特的光谱特征。河流、湖泊、海洋等不同类型的水体对电磁波的反射和吸收方式各异，反映了水体的不同属性和特征。水体的反射特性受到水质、水深、悬浮物含量等因素的影响，因此可以通过遥感手段监测水质状况、水生态环境等重要参数，为水资源管理和环境保护提供了重要的数据支持。

三是，植被是地表的重要组成部分，对大气和地表的能量交换、碳循环等过程具有重要影响。不同类型的植被在遥感影像中表现不同的光谱特征，可以通过遥感手段监测植被覆盖度、植被生长状态等信息，为生态环境监测和自然资源管理提供了重要的数据支持。

四是，建筑物作为人类活动的产物，也是地表的重要特征之一。在城市化进程中，建筑物的分布、密度、类型等信息反映了城市化程度和城市发展的空间格局。通过遥感技术可以获取建筑物的分布情况、建筑物高度等信息，为城市规划、资源管理等提供数据支持。

（3）水体

水体在遥感领域具有独特的重要性，因为它们反映了地球表面的重要水文和水资源特征。不同类型的水体，如河流、湖泊和海洋，展现各自独特的光谱特征。这主要是它们的水质、水深和底质等因素的差异导致的。因此，对水体的遥感监测在水资源管理、环境保护和自然灾害预警等方面具有重要的学术和实践价值。

一是，水体的反射特征受到水体本身光学性质的影响。清澈的水体通常具有较高的透明度，因此反射较少的光线，而浑浊的水体则反射较多的光线。这种差异导致了不同类型水体在遥感影像中呈现不同的亮度和颜色，因此可以通过遥感手段对水体进行分类和识别。

二是，水体的反射特征还受到水体中悬浮物和溶解有机物的影响。悬浮物包括泥沙、藻类等，而溶解有机物包括腐殖质、叶绿素等。这些物质会影响水体对不同波长光线的吸收和反射，从而影响遥感影像的光谱特征。因此，通过遥感监测水体的反射光谱，可以间接地推断水体浊度、叶绿素含量等水质参数。

三是，水体的类型也会影响其反射和吸收特征。例如，河流、湖泊和海洋等水体在地球表面分布不同，具有不同的地理环境和水文特征，因此它们对光的反射和吸收的方式也不同。这种差异性使通过遥感手段对不同类型水体进行识别和监测变为可能，为相关领域的研究和应用提供重要的数据支持。

2.人类活动

（1）建筑物

建筑物是城市化进程中的重要组成部分，其分布、密度和高度等信息对城市规划、资源管理等具有重要的影响和价值。在城市化快速发展的过程中，建筑物的分布状况反映了城市空间结构的演变和发展趋势。通过遥感手段获取建筑物的空间分布信息，可以帮助城市规划者和决策者了解城市建设的现状和特点，为制订科学合理的城市规划提供重要的数据支持。

建筑物的密度是评估城市发展程度和人口密集程度的重要指标之一。通过遥感技术获取建筑物的分布密度信息，可以定量分析城市不同区域的建筑物密集程度，并据此评估城市的发展水平和人口密度情况。这对于城市规划者来说是非常重要的，可以帮助他们合理规划城市用地、优化城市布局，提高城市的空间利用效率，实现城市可持续发展的目标。

除了建筑物的分布和密度外，建筑物的高度也是城市规划和管理中的重要参数。通过遥感技术获取建筑物的高度信息，可以帮助城市规划者和决策者了解城市的垂直空间利用情况，评估建筑物的密度和高度分布对城市环境的影响，为制订城市建设规划和相关政策提供科学依据。

（2）农田

农田作为农业生产的重要基地，其类型、植被覆盖以及土地利用情况等信息对于农业生产和粮食安全评估具有至关重要的作用。遥感技术作为一种高效、全面的信息获取手段，为获取农田相关信息提供了有效途径。

第一，农田的类型多种多样，包括水田、旱地、果园、菜地等不同类型的农作物种植区域。通过遥感技术可以对不同类型的农田进行快速、准确地识别和分类，从而了解不同农田类型的分布状况及其空间分布特征。

第二，植被覆盖是评估农田生态环境和农业生产能力的重要指标之一。遥感技术可以获取农田的植被覆盖信息，包括农作物生长情况、植被指数等参数，进而评估农田的植被状况和生长状态。这对于及时监测农作物的生长情况、预测农业产量具有重要意义。

第三，土地利用情况是农田管理和土地资源利用评估的重要内容之一。通过遥感技术可以获取农田的土地利用信息，包括耕地面积、林地面积、草地面积等，从而了解土地利用结构和土地资源利用状况。这有助于制订科学合理的土地利用规划，保障土地资源的合理利用和可持续发展。

（3）工业设施

工业设施的存在对环境造成了诸多影响，其中包括工业污染和资源开采等方面。工业生产过程中的排放物排放、废水排放、垃圾堆放等活动会直接影响周围的环境质量，导致大气、水体和土壤等环境的污染。同时，工业设施的大规模资源开采也会对周围的生态环境造成破坏，包括土地沙漠化、水资源枯竭、植被减少等问题。

为了有效监测和管理工业设施对环境的影响，遥感技术被广泛应用于环境监测和治理。一是，遥感技术可以通过获取高分辨率的遥感影像，实现对工业设施的空间分布和布局情况进行快速、全面地监测。通过遥感影像，可以识别出工业厂区、排放口、废水处理厂等重点监测目标，及时掌握工业设施的空间分布情况。

二是，遥感技术可以通过获取多波段的遥感数据，实现对工业污染物的监测和分析。通过遥感影像中反映的光谱信息，可以识别工业排放物的类型和分布范围，评估工业活动对周围环境的影响程度。同时，遥感技术还可以结合地面监测数据和模型，实现对工业污染物的定量监测和分析，为环境保护部门提供科学依据。

三是，遥感技术还可以通过监测工业设施周边的生态环境变化，评估工业开发活动对生态系统的影响。通过遥感影像中反映的植被覆盖情况、土地利用变化等信息，可以判断工业设施周边生态环境的变化趋势，及时发现生态环境问题，并采取相应的治理措施。

（二）信息获取

1.遥感平台

（1）航空平台

航空平台作为遥感技术中的重要组成部分，在地球观测和数据获取方面具有独特的优势和广泛的应用。首先，航空平台包括飞机、无人机和卫星等，这些平台能够搭载各种类型的传感器，如光学传感器、红外传感器、微波传感器和激光雷达传感器等，以实现对地表的高空观测和数据采集。其中，卫星是最常用的航空平台之一，其全球覆盖的能力使得可以实现对整个地球表面的遥感监测，从而提供了广域、高分辨率的遥感数据。

卫星的应用范围涵盖了地球科学、环境监测、资源管理等多个领域。通过卫星遥感，可以实现对地表的地形地貌、植被覆盖、土壤湿度、城市扩张等参数的监测和分析，为自然灾害监测、农业生产、城市规划等提供重要数据支持。此外，卫星还可以实现对大气和海洋的监测，如大气成分、海洋温度和海洋表面风速等，为气象预报和海洋科学研究提供了重要的观测数据。

除了卫星，飞机和无人机也是重要的航空平台，它们可以更灵活地获取特定区域的高分辨率遥感数据。飞机通常搭载多光谱相机、红外相机等，可以实现对特定区域的快速响应和高分辨率观测，适用于环境监测、地质勘探、农业灾害监测等应用。而无人机则具有灵活和低成本的优势，可以实现近距离、低空的高分辨率遥感观测，适用于小范围区域的监测和应急响应。

（2）地面平台

地面平台作为遥感技术中的重要组成部分，通过部署传感器或接收遥感数据，实现对特定区域的高时空分辨率监测，为精细化的地表观测和研究提供了重要数据支持。首先，地面平台包括地面观测站点、移动车辆和潜水器等。它们通常部署有各种类型的传感器，如气象站、大气监测仪器、水质传感器等，可以实时监测气象、水文和环境参数，为环境监测和科学研究提供高时空分辨率的数据。

地面观测站点是地面平台中最常见的一种，它们通常部署在不同地理位置和不同环境条件下，用于监测气象、水文和环境参数的变化。这些站点可以实时采集气象要素、水文数据、土壤水分和环境污染物等信息，为气候研究、水资源管理、环境保护等提供重要的实时观测数据。

2.传感器技术

（1）光学传感器

光学传感器作为遥感技术中的重要组成部分，具有多样化的类型和广泛的应用范围。首先，光学传感器包括摄影机，以及多光谱、高光谱和超光谱传感器等，它们能够捕捉地表物体反射、辐射的电磁辐射，并提供多波段、多角度的遥感数据。其中，摄影机是一种最常见的光学传感器，它能够捕捉可见光波段的影像，提供高分辨率的地表影像数据。多光谱传感器能够捕捉不同波段的光谱信息，通常包括可见光、红外等波段，用于土地覆盖分类、植被监测等应用。高光谱传感器能够捕捉更多波段的光谱信息，提供更丰富的光谱特征，适用于植被生理参数提取、土壤养分评估等精细化应用。超光谱传感器能够捕捉超过几十个甚至上百个波段的光谱信息，用于地质勘探、环境监测等领域的高精度遥感。

光学传感器的应用范围涵盖了地球科学、农业、城市规划等多个领域。通过光学传感器获取的遥感影像数据可以用于土地覆盖分类、植被监测、水体提取、城市扩展分析等应用，为自然资源管理、环境保护和城市规划提供了重要数据支持。

（2）雷达传感器

雷达传感器作为遥感技术中的重要组成部分，具有独特的优势和广泛的应用范围。首先，雷达传感器通过发送微波信号并接收目标反射的回波，实现对地表物体的高分辨率、全天候的观测。雷达传感器不受天气条件和时间限制，具有全天候观测能力，适用对植被、地形等特定目标的监测。

雷达传感器的应用范围涵盖了地球科学、环境监测、军事侦察等多个领域。通过雷达传感器获取的遥感数据可以用于地表地形测量、地质勘探、冰雪监测等应用，为自然灾害监测、资源勘探和环境监测提供了重要数据支持。此外，雷达传感器还常用于军事侦察、航空导航和气象监测等领域，具有重要的国防和安全应用价值。

（三）信息处理

1.遥感数据解译与校正

（1）图像处理

图像处理是遥感数据解译与校正的重要环节，其主要目的是将原始遥感图像经过一系列处理步骤转换为具有辐射一致性的图像数据，为后续的分析和应用提供可靠的基础。首先，预处理是图像处理的第一步，包括去除图像中的噪声及填补云、影子等缺失数据，以及增强图像的对比度和清晰度，使图像更加清晰、准确。其次，几何校正是图像处理的关键步骤之一，通过对图像进行几何校正，可以消除由于平台运动、地形起伏等因素引起的图像畸变，使图像具有准确的地理位置信息，实现不同时间、不同平台的遥感图像的空间对齐。再次，辐射校正是保证遥感图像能够在不同时间、不同平台之间进行定量比较和分析的重要步骤，通过辐射校正可以消除由于大气吸收、散射等因素引起的图像辐射量的差异，实现图像的辐射一致性，从而保证遥感图像的定量分析的可靠性和准确性。

图像处理技术的发展为遥感数据的解译和应用提供了强大的支持，广泛应用于地质勘探、环境监测、农业生产等领域。通过图像处理技术，可以获取准确的地表信息，实现对地表特征、地物类型、植被覆盖等信息的提取和分析，为地球科学研究和资源管理提供了重要的数据支持。

（2）特征提取

特征提取是遥感数据解译与校正的重要环节之一，通过图像分割、分类、目标识别等技术，从遥感图像中提取地物特征信息，包括土地覆盖类型、植被指数、水体面积等。首先，图像分割是将遥感图像划分为具有相似特征的不同区域的过程，其目的是将图像中的地物对象分割，为后续的分类和目标识别提供准确的数据基础。其次，分类是将图像中的不同地物类型进行分类识别的过程，通过使用监督或无监督分类方法，将图像中的像元分配到不同的地物类别中，实现对地物类型的自动识别和提取。再次，目标识别是识别图像中特定目标或地物对象的过程，通过利用形状、大小、光谱等特征，对图像中的目标进行自动或半自动识别，如建筑物、道路、植被等。

特征提取技术在遥感数据解译与校正中具有重要的应用价值，广泛应用于土地利用/覆盖变化监测、城市扩展分析、环境质量评估等领域。通过特征提取，可以获取地表的详细信息，为地球科学研究、资源管理和环境监测提供了重要的数据支持。同时，特征提取技术的发展也为遥感数据的自动化处理和分析提供了强大的技术支持，提高了遥感数据解译的效率和准确性。

2.遥感数据分析与应用

（1）空间分析

空间分析是遥感数据分析与应用中的重要环节，利用地理信息系统（GIS）技术对遥感数据进行空间叠加、空间查询等操作，以揭示地物空间分布特征、相互关系等。首先，空间叠加是将不同空间数据图层进行叠加分析，识别出地表上不同地物之间的空间关系，如土地利用类型的空间分布格局、地形地貌与植被分布的关系等。其次，空间查询是根据用户设定的空间范围或条件，从遥感数据中提取感兴趣的地物信息，如在特定区域内查询湖泊的面积、森林的分布情况等。

空间分析技术在地球科学、环境监测、城市规划等领域有着广泛应用。通过空间分析，可以深入理解地表地貌、地形特征以及不同地物之间的空间关系，为自然资源管理、环境保护、城市规划等决策提供科学依据。例如，利用GIS技术对遥感数据进行空间分析，可以评估土地利用的合理性，优化城市规划布局，提高土地资源的利用效率。

（2）模型建立

模型建立是遥感数据分析与应用中的关键环节之一，基于遥感数据建立地表参数反演、环境模拟等数学模型，用于预测气候变化、自然灾害风险评估等。首先，地表参数反演模型是利用遥感数据推导地表参数信息的数学模型，通过遥感反演算法对遥感数据进行处理，获取地表特征参数（如植被指数、土壤湿度等）为生态环境监测、资源管理提供数据支持。其次，环境模拟模型是基于遥感数据和地理信息建模技术建立的环境变化预测模型，可以模拟未来气候变化趋势、自然灾害发生概率等，为应对气候变化、灾害防治提供科学依据。

模型建立技术在气候变化、环境保护、灾害管理等领域具有重要的应用价值。通过建立有效的模型，可以分析未来气候变化对生态环境的影响，预测自然灾害的发生概率，为社会经济发展和生态环境保护提供科学依据。例如，利用遥感数据建立的环境模拟模型可以模拟不同气候条件下的植被生长趋势，为森林资源管理和生态系统保护提供决策支持。

（四）信息应用

1.资源环境管理

（1）土地利用规划

土地利用规划是利用遥感技术监测土地利用变化，为土地规划、城市扩展提供科学依据的重要应用领域之一。通过遥感技术获取的高分辨率影像数据可以实时监测土地利用类型及其变化情况，识别城市建设、农田耕种、森林覆盖等不同类型的土地利用区域。这些信息可以帮助城市规划者制订合理的土地利用规划方案，合理布局城市功能区、生态保护区、农业用地等，促进城市可持续发展和资源的有效利用。

（2）自然资源调查

自然资源调查是通过遥感手段获取地表水资源、植被覆盖等信息，支持资源合理开发和保护的重要应用领域之一。遥感技术可以获取大范围、高时空分辨率的地表信息，如水域分布、植被类型、土地覆盖等，为自然资源的调查和评估提供了有效的手段。这些信息可以用于制订水资源管理方案、森林资源保护计划等，促进资源的合理开发和保护，维护生态平衡和可持续发展。

2.灾害监测与应对

（1）森林火灾监测

森林火灾监测是利用遥感数据实时监测森林火情、指导灭火行动和资源调配的重要应用领域之一。遥感技术可以实时获取森林火情的信息，包括火点位置、烟雾范围等，为森林火灾的监测和预警提供了重要数据支持。这些信息可以帮助相关部门及时调动人员和物资进行灭火作业，最大限度地减少火灾造成的损失，保护森林资源和生态环境。

（2）洪涝灾害评估

洪涝灾害评估是通过遥感技术获取洪涝灾情信息，提前预警、减轻灾害损失的重要应用领域之一。遥感技术可以实时监测洪涝灾情，包括洪水范围、淹没程度、灾情影响等，为灾害管理部门提供重要的决策支持。这些信息可以帮助相关部门及时采取防汛措施、疏散受灾群众、调派救援队伍，最大限度地减轻洪涝灾害造成的人员伤亡和财产损失，保障人民生命财产安全。

第二节　复杂地质条件下的遥感数据获取与分析

一、遥感数据获取技术

在地质勘察和矿产资源评价中，遥感技术扮演着至关重要的角色。复杂地质条件下的遥感数据获取技术必须具备高精度、高分辨率和多功能性，以应对地质结构复杂、植被覆盖率高等挑战。

（一）多光谱遥感

多光谱遥感是利用大气窗口内的多个波段进行地物识别与分类的遥感技术。在复杂地质条件下，多光谱遥感具有以下特点：

1.技术原理

在多光谱遥感技术中，地物表面反射的电磁波能量在不同波段上表现不同的特征。这些特征主要受到地物本身的组成、结构和表面特性的影响。因此，通过分析地物在不同波段上的反射率等信息，可以揭示地物之间的光谱差异，从而实现对地物的分类和识别。

在多光谱遥感中，选取的波段通常位于可见光和近红外光谱范围内。这是因为大气对这些波段的干扰较小，地物反射信号较强，具有较强的信息提取能力。通过获取地物在多个波段上的反射率，可以构建反射率谱线，即光谱曲线。每个地物都有其特定的光谱特征，例如，植被在红边区域具有明显的反射峰，而水体在近红外区域有较低的反射率。因此，通过比较不同地物的光谱曲线，可以发现它们之间的差异，进而进行地物的分类和识别。

多光谱遥感技术的关键在于光谱特征的提取和利用。为了准确获取地物的光谱信息，需要对遥感数据进行预处理，包括大气校正、辐射定标等步骤，以消除相关影响。随后，利用数学统计方法或机器学习算法对光谱数据进行特征提取和分类识别。常用的方法包括主成分分析、线性判别分析、支持向量机等。这些方法能够有效地从多光谱数据中提取地物的光谱特征，并将其转化为可供人类理解的分类结果。

2.数据处理方法

在多光谱遥感数据处理中，各种方法和技术被应用于不同的处理阶段，以提取和利用地物信息。数据处理通常包括预处理、特征提取和分类识别等关键步骤。这些步骤的有效执行对于获得准确的地物分类结果至关重要。

首先，预处理是多光谱遥感数据处理的任务之一。预处理的主要目标是消除数据中的噪声和系统误差，以及纠正大气和地表反射率之间的复杂关系。其中，大气校正是一项重要的预处理步骤，它通过模型或实测数据对影响遥感图像的大气成分进行校正，以减少大气对地物光谱反射率的影响。另一方面，辐射定标则是将遥感数据转换为地表反射率的过程，以确保不同时间和地点的数据具有量化一致性。

其次，特征提取是多光谱遥感数据处理的核心环节之一。特征提取的目标是从原始数据中提取具有代表性的特征，以描述地物的光谱特性和空间分布。主成分分析是一种常用的特征提取方法，它通过线性变换将原始多光谱数据转换为一组彼此不相关的主成分，以减少数据维度并保留最重要的信息。另外，线性判别分析是一种监督学习方法，它在降低数据维度的同时，优化类别之间的区分度，从而提高分类的准确性和稳定性。

再次，分类识别是多光谱遥感数据处理的最终目标之一。分类识别的任务是将地物按照其光谱特征和空间分布划分为不同的类别，并将其标识在遥感影像中。支持向量机是一种常用的分类算法，它通过构建一个最优的超平面来实现不同类别的划分，具有较高的分类准确性和泛化能力。此外，人工神经网络也是一种有效的分类方法，它模拟人脑的神经元网络结构，通过训练和学习实现对地物的自动识别和分类。

（二）高光谱遥感

高光谱遥感是指在更多波段（通常超过 10 个）上获取地物反射光谱信息的遥感技术。在复杂地质条件下，高光谱遥感表现以下特点：

1.技术原理

高光谱遥感是一种先进的遥感技术，其核心原理在于通过采集地物在较多波段上的光谱信息，实现对地物的精细分类和识别。与传统的遥感技术相比，高光谱遥感不仅能够获取地物的空间分布信息，还可以获取地物在数十甚至上百个窄波段上的光谱特征，因而具有更强的信息提取能力和更高的分类精度。

高光谱遥感技术的原理基于地物在不同波段上的光谱反射特征。地物的表面反射光谱是由其组成物质、结构和表面特性决定的，而不同的地物具有独特的光谱特征。通过分析地物在不同波段上的光谱反射率，可以获取地物的光谱特征，从而实现地物的精细分类和识别。

高光谱遥感系统通常采用光谱分辨率较高的传感器，能够覆盖数十个甚至上百个波段，以获取地物在不同波段上的光谱信息。这些波段通常包括可见光、近红外和红外等范围，覆盖了地物反射光谱的主要特征区域。通过获取地物在这些波段上的光谱信息，可以构建地物的光谱库，并利用其对地物进行分类和识别。

在高光谱遥感数据处理中，特征提取是一个关键步骤。通过数学统计方法或机器学习算法，可以从高光谱数据中提取具有代表性的光谱特征，如特征波段、光谱形态等。常用的特征提取方法包括主成分分析、线性判别分析等。这些方法能够有效地降低数据的维度，提取地物的光谱特征，为后续的分类和识别提供支持。

2. 数据处理方法

高光谱数据处理是高光谱遥感技术中至关重要的一环，它涉及从原始数据中提取有用信息和去除噪声的过程，以便更准确地分析地物光谱特征和进行地物分类识别。高光谱数据处理的关键步骤包括波段选择、噪声去除和光谱曲线拟合等。

首先，在高光谱数据处理中，波段选择是非常重要的一步。由于高光谱遥感数据通常包含大量的波段，因此需要根据研究对象的地质特征以及遥感仪器的性能进行合理的波段选择。波段选择的目的是选取那些对地物光谱特征影响较大的波段，以便更好地反映地物的光谱信息。

其次，噪声去除是高光谱数据处理中的关键环节之一。高光谱数据中常常存在各种来源的噪声，如大气散射、地物遮挡、传感器误差等，这些噪声会影响地物光谱特征的提取和地物分类的准确性。为了去除这些噪声，可以采用小波变换、主成分分析等方法。小波变换是一种多尺度的信号分析方法，可以将信号分解成不同频率的小波分量，从而更好地识别和去除噪声。主成分分析则是一种常用的数据降维方法，可以通过线性变换将原始数据转换为一组不相关的主成分，从而去除数据中的噪声。

再次，光谱曲线拟合是高光谱数据处理的重要步骤之一。在进行地物分类和识别之前，需要对地物的光谱曲线进行拟合，以便更好地描述地物的光谱特征。光谱曲线拟合可以采用多项式拟合、高斯拟合等方法，通过拟合得到的光谱曲线可以更准确地反映地物的光谱特征，从而提高地物分类的准确性和精度。

（三）雷达遥感

雷达遥感是利用微波信号与地物相互作用获取地表信息的遥感技术。在复杂地质条件下，雷达遥感表现以下特点：

1.技术原理

雷达遥感是一种利用微波信号与地物相互作用获取地表信息的遥感技术。其技术原理在于利用微波信号的穿透能力，能够有效地穿透植被和地表覆盖物，获取地表的形态、结构和电磁特性信息。相比于可见光和红外遥感技术，雷达遥感不受日照、云层和大气等影响，具有独特的优势。

在雷达遥感中，雷达系统发射的微波信号会与地表的不同地物相互作用，产生不同程度的反射、散射和吸收。这些相互作用过程受到地物的形态、结构、介电特性等因素的影响，因此可以反映地表的特征。通过接收和解译反射信号，可以获取地表的形态、地形起伏、地物结构、地表湿度等信息。

雷达遥感技术在数据处理过程中，通常采用一系列的数据处理方法，以提取地表信息并实现地物分类识别。例如，信号解调是将接收的雷达信号进行解调和校正，以恢复地物的反射特性。几何校正是将雷达图像与地球表面的地理坐标进行对应，以获取地表的精确位置信息。此外，雷达遥感还可以利用合成孔径雷达（SAR）技术实现地表形变监测、地质灾害识别等应用，通过不同频率的雷达波束获取地表的不同特征信息，从而提高了数据的综合利用价值。

2.数据处理方法

雷达数据处理是雷达遥感技术中至关重要的一部分，它涉及从原始数据中提取有用信息和进行校正处理的过程，以便更准确地分析地物的特征和获取地表信息。主要的数据处理方法包括信号解调、几何校正和反射率计算等步骤。

第一，信号解调是雷达数据处理的首要步骤之一。雷达系统发射的微波信号在与地物相互作用后，会返回接收器并被记录下来。信号解调的目的是将接收的雷达信号进行解调和校正，以恢复地物的反射特性。这一步骤需要考虑雷达系统的参数和地物特性，如雷达波束的方向、频率等，以确保信号的准确性和可靠性。

第二，几何校正是雷达数据处理的另一个重要环节。由于雷达系统的特殊性，获取的图像可能存在几何畸变，如扭曲、拉伸等。几何校正的目的是将雷达图像与地球表面的地理坐标进行对应，以获取地表的精确位置信息。常用的几何校正方法包括同步辐射校正等，通过几何校正可以消除雷达图像中的几何畸变，提高数据的地图影像配准精度和空间分辨率。

第三，反射率计算是雷达数据处理的关键环节之一。雷达图像中的亮度值反映了地物对雷达信号的反射强度，但并不能直接反映地物的表面特征。为了更准确地描述地物的反射特性，需要进行反射率计算，将亮度值转换为地物的反射率。反射率计算通常基于雷达信号的功率和地物的散射特性，通过数学模型计算得出。这一步骤的完成能够使得雷达数据更加符合地物的真实情况，为后续的地物分类和识别提供更可靠的数据基础。

二、遥感数据处理与分析方法

（一）影像预处理

1.辐射定标

辐射定标在遥感数据处理中扮演着至关重要的角色，它是将原始遥感影像转换为可反映地表特征的光谱值的关键步骤之一。该过程的主要目标是消除辐射量与接收器响应之间的非线性关系，从而确保数据的准确性和可比性。辐射定标的实施需要深入了解遥感仪器的特性以及地球表面的光谱反射特征。

一是，辐射定标的过程涉及对原始遥感数据进行校正和标定，以确保数据的亮度值与地表反射率之间存在准确的对应关系。这意味着需要根据遥感系统的特性以及传感器的响应函数，对原始遥感数据中的亮度值进行调整，使其能够准确反映地表的辐射状况。

二是，辐射定标过程中需要考虑大气影响。大气吸收和大气散射会导致遥感数据中的辐射量发生变化，影响数据的准确性和可比性。因此，在辐射定标过程中通常需要对大气影响进行校正，以消除大气对数据的干扰，提高数据的质量和可信度。

三是，辐射定标还需要考虑地表类型。不同地表类型具有不同的反射率，因此在进行辐射定标时需要考虑地表的光谱特征，并根据地表的反射率对数据进行调整和校正，以确保数据的准确性和可比性。

2.大气校正

大气校正在遥感数据处理中扮演着至关重要的角色，它是影像预处理的重要环节之一，旨在消除大气吸收、散射等因素对遥感数据的影响，从而提高数据的质量和准确性。大气校正过程涉及对不同波段的微波和光学信号进行校正，以消除大气对数据的干扰，确保数据能够准确反映地表的特征。

一方面，大气校正需要考虑大气对不同波段信号的吸收和散射特性。由于大气对不同波长的微波和光学信号具有不同的吸收和散射作用，因此在进行大气校正时需要针对不同波段的特性采取相应的校正方法。例如，对于可见光和红外波段的遥感数据，常用的大气校正方法包括大气传输模型（如 MOD-TRAN、ATCOR 等）和大气校正算法（如 DOS、FLAASH 等），通过模拟大气光学特性和对数据进行修正，消除大气对数据的影响。

另一方面，大气校正的实施需要充分考虑遥感数据的地表特征和大气环境的变化。地表特征的不同会导致遥感数据在大气传输过程中发生不同程度的吸收和散射，因此需要根据地表类型和地区环境的特点进行相应的大气校正处理，以确保数据的准确性和可比性。同时，大气环境的变化也会影响大气校正的效果，如大气厚度、湿度等因素的变化都会对大气校正的结果产生影响，因此在进行大气校正时需要及时获取和考虑这些大气环境参数。

3. 几何校正

几何校正作为遥感影像处理的重要环节，扮演着确保遥感影像几何精度和地图配准精度的关键角色。其主要任务是通过对影像进行位置和形状的校正，以使其与地理坐标系统相符，并确保不同影像之间的空间对齐，从而提高数据的可用性和准确性。

在进行几何校正时，需要考虑地球表面的地形和地貌变化，以及传感器拍摄时的姿态和运动情况。地球表面的地形起伏、地貌特征会导致遥感影像存在几何失真，因此需要采用相应的校正方法来纠正这些失真，以确保影像能够准确地反映地表特征。同时，传感器在拍摄过程中可能会受到平台姿态、飞行速度等因素的影响，进而导致影像存在姿态变化和运动模糊，因此需要考虑这些因素，并通过几何校正来纠正影像中的姿态和运动情况，以确保影像的几何精度。

常用的几何校正方法包括同步辐射校正和数字地形模型校正等。同步辐射校正是通过将影像与地面上对应位置的数字地图进行匹配，校正影像的位置和形状，从而消除几何失真。数字地形模型校正则是利用数字地形模型来对影像进行校正，通过计算影像与地面的高程差异，实现对影像的位置和形状的校正，进而提高影像的地图配准精度。

（二）特征提取

1.地物识别

地物识别是遥感影像处理中的重要环节，其在特征提取过程中扮演着关键角色。该过程旨在利用遥感影像获取地物的特征信息，涵盖了地表覆盖类型、地形地貌等多方面内容。地物识别的准确性直接影响后续的地学研究和应用领域，因此具有重要的学术价值和实用意义。

在进行地物识别时，首先需要充分利用遥感影像所提供的光谱信息。不同地物具有不同的光谱特征，通过分析遥感影像在不同波段上的反射率或辐射亮度，可以有效区分不同类型的地物。例如，植被通常在可见光和近红外波段表现较高的反射率，而水体则呈现较低的反射率，因此可以利用这些特征来识别和分类地表覆盖类型。

其次，在地物识别过程中还需要考虑影像的空间分布特征。地物在遥感影像上的空间分布具有一定的规律性和特征，如形状、大小、分布密度等。通过对影像进行空间分析和模式识别，可以进一步提取地物的空间分布特征，从而更准确地进行地物识别和分类。

在地物识别过程中，常采用的技术包括图像处理和数字图像分析等方法。图像处理包括图像增强、滤波、分割等，用于提取影像中的地物信息并增强地物的辨识度。数字图像分析则主要涉及特征提取、分类和识别等方面，通过数学模型和算法对影像数据进行处理和分析，实现对地物的自动识别和分类。

2.形态分析

形态分析在遥感影像处理中扮演着重要的角色，它是特征提取过程中的关键环节之一，旨在深入分析地物的形态特征，包括大小、形状、边界等方面。通过形态分析，可以从遥感影像中获取地物的空间分布规律和形态变化趋势，为地质勘察、资源评价以及环境监测等提供重要的参考依据。

第一，形态分析着重于地物的形态特征，其中包括地物的大小。地物的大小对于地物分类和识别具有重要意义。通过分析地物在遥感影像中的大小，可以快速识别不同类型的地物，如建筑物、水体、植被等，从而为后续的地物分类和资源调查提供基础数据。

第二，形态分析还包括地物的形状特征。地物的形状在遥感影像中常常表现为不同的几何形状，如圆形、矩形等。通过分析地物的形状特征，可以进一步识别和分类地物类型，例如，通过圆形特征可以判断水体。

第三，边界特征也是形态分析的重要内容之一。地物的边界信息可以反映地物与周围环境的过渡关系，如地物之间的分界线、地物与背景的分界线等。通过分析地物的边界特征，可以更准确地提取地物的空间分布信息，为地物分类和地质分析提供更可靠的依据。

3. 纹理分析

纹理分析在遥感影像处理中是特征提取的重要组成部分，它着眼于分析地物表面的纹理特征，如纹理的粗糙度、均匀度等，旨在揭示地物表面的细微变化和空间分布规律。通过纹理分析，可以提取地物表面的纹理信息，为地物的分类和识别提供重要依据。

第一，纹理分析涉及地物表面的纹理特征。地物表面的纹理特征反映了地物在遥感影像中的细微变化，如土地利用类型、植被类型等。不同地物具有不同的纹理特征，如植被地物通常具有较为密集的纹理，而水体地物则呈现较为平滑的纹理。通过分析地物表面的纹理特征，可以快速识别不同类型的地物，为地物分类和识别提供重要依据。

第二，纹理分析还包括对地物纹理的粗糙度和均匀度等方面的分析。地物表面的纹理的粗糙度反映了地物表面的不规则程度，而纹理的均匀度则反映了地物表面的均匀度。通过分析地物表面的纹理的粗糙度和均匀度，可以进一步了解地物的空间分布规律和表面特征，为地物分类和识别提供更为全面的信息。

第三，纹理分析还可以通过纹理统计参数来描述地物表面的纹理特征，如灰度共生矩阵（GLCM）、纹理能量、对比度等。这些纹理统计参数可以从不同的角度反映地物表面的纹理特征，为地物分类和识别提供更为细致的信息支持。

（三）分类识别

1. 监督分类

监督分类是利用已知地物类型的样本数据进行训练，然后将图像像元划分到不同的地物类别中的过程。在监督分类过程中，需要构建地物类别的光谱特征库，并利用分类算法对遥感影像进行分类，实现地物的自动识别和分类。

2.无监督分类

无监督分类是根据图像的统计特征将图像像元自动聚类，然后根据聚类结果进行地物分类的过程。在无监督分类过程中，不需要事先提供地物类型的样本数据，而是根据图像的内在统计特征进行分类，具有一定的自适应性和灵活性。

3.分类精度评价

分类精度评价是对分类结果进行定量评估的过程，其主要目的是评估分类结果的准确性和可靠性。常用的分类精度评价指标包括混淆矩阵、Kappa 系数等，通过对分类结果进行精度评价可以发现分类误差和改进分类算法，以提高分类结果的质量和可信度。

第三节　遥感技术在岩土工程中的实际案例

一、遥感技术在岩土工程勘察中的应用案例介绍

在当前社会经济发展中，金属矿山岩土工程的开发与利用显得尤为重要。然而，金属矿山的特殊地质条件往往给岩土工程勘察带来了巨大的挑战，严重制约了矿山工程的安全和效益。在面对地质构造复杂、地下水丰富、开采深度大等问题时，传统的岩土工程勘察方法可能无能为力。因此，利用遥感技术在金属矿山岩土工程勘察中的应用具有重要的意义和价值。遥感技术在金属矿山岩土工程勘察中的应用案例丰富多样，其中一个典型案例是利用高分辨率遥感影像进行地质构造分析。通过高分辨率遥感影像，可以清晰地识别地表的地貌特征和地质构造线，从而帮助工程师更好地理解地下岩石的结构和分布情况。这种信息对于制订合理的矿山开采方案和岩土工程设计至关重要。

（一）金属矿山特殊地层的岩土工程勘察技术现状分析

1.特殊地层的概念和分类

特殊地层是指在地质结构、地形地貌、水文地质等方面与普通地层有明显

差别的地质层位，其勘察和开采具有较高的难度和风险。这些特殊地层包括但不限于以下几种类型：

（1）深部软弱岩层

这类岩层由于地下水的存在、地表载荷的作用以及地震等因素的影响，容易发生塌陷、滑移等地质灾害，给岩土工程勘察带来了挑战和风险。

（2）特殊构造

包括断层、褶皱、岩浆侵入等地质构造。这些构造的存在对矿山的勘察和开采产生了较大的影响，增加了工程施工的难度和风险。

（3）地下水

金属矿山地下水的特殊性质（如水位高、水质差等）给勘察和开采带来了很大的困难，容易导致地下水突水、涌水等问题。

（4）特殊地貌

山体、峡谷、河谷等特殊地貌也会影响矿山的勘察和开采，可能导致地质灾害的发生。

2.现有勘察技术的局限性

目前，国内外已有许多关于金属矿区特殊地层的岩土工程勘察技术的研究成果，主要包括地质勘探、物探勘探、地下水勘探等技术。然而，现有的勘察技术在实践中存在一些局限性，主要体现在以下几个方面：

（1）技术手段单一

现有的勘察技术以地质勘探和物探勘探为主，缺乏全面、深入的勘察手段。这导致了对特殊地层的细节和特征缺乏全面认识。

（2）难以满足实际需求

矿山的勘察和开采需要的数据、信息和精度等要求较高，而现有的勘察技术难以完全满足这些需求，导致了勘察结果的不确定性和风险性。

（3）安全风险较大

矿山勘察和开采具有一定风险，而现有技术难以对矿山的安全风险进行全面、准确的评估和控制，容易导致事故和灾害的发生。

3.存在问题分析

上述存在问题的，不仅制约了金属矿山的勘察和开采，也增加了矿山的安全风险和环境压力。因此，有必要对现有勘察技术进行深入研究和改进，以满足矿山勘察和开采的实际需求。

4.研究内容和方法

针对以上问题，案例将从以下几个方面进行研究：

（1）岩土工程勘察技术的多样化应用

通过搜集和总结国内外的研究成果和实践经验，探讨多种岩土工程勘察技术的应用效果和局限性，从而为金属矿山的勘察和开采提供参考。

（2）勘察数据的优化处理

对勘察数据进行优化处理，利用现代化的数据处理技术提高数据的准确性和可靠性，从而为矿山勘察和开采提供可靠的数据基础。

（3）安全风险评估和控制

针对金属矿山的特殊地层和勘察特点，研究如何对勘察和开采过程中的安全风险进行全面、准确的评估和控制，以降低矿山勘察和开采的安全风险，保障工程的安全进行。

（二）岩土工程勘察技术方法及其适用性评价

1.勘察方法的分类和特点

在岩土工程勘察中，根据勘察目的和方法特点，通常可将勘察方法分为直接勘察和间接勘察两大类。

（1）直接勘察

直接勘察是指通过对场地进行现场观测、测试、采样等手段直接获取地质和工程岩土信息的勘察方法。其特点包括：

①测量法：利用现代测量仪器进行场地的各种测量，以获取场地的地形地貌、地质构造等信息。测量法具有操作简便、数据获取快速等优点，能够直接获得场地的地貌特征、高程信息以及地表形态等，为后续的勘察工作提供了基础数据。

②钻探法：通过钻孔的方式获取地下岩土的信息。钻探法能够直接获取地下岩土的物理性质、构造特征等信息，对于工程设计和地质评价具有重要意义。然而，钻探所需的设备和人力成本较高，且受到地层条件的限制，不能全面反映地下情况。

③洞穴勘察法：在洞穴、隧道等工程中，通过人工进入内部进行勘察，以获取洞穴内部的地质、构造信息及岩石物性等。这种方法能够直接观察地下空间的结构和特征，为工程设计提供直接的参考依据，但受到地下空间条件的限制，且工程安全风险较高。

④地质剖面法：在场地上进行切割、挖掘等工作，以暴露地层的剖面，获取地层的岩性、厚度、倾角等信息。地质剖面法能够直接观察地层的结构和变化规律，对于地质勘察和岩土工程设计具有重要意义，但受到地表条件和环境保护的限制。

（2）间接勘察

间接勘察是指通过对场地周围环境和相关工程的观测和分析，以推断场地地质和工程岩土性质的勘察方法。其特点包括：

①地形地貌分析法：通过对场地周围地形地貌的观察和分析，推断场地地质构造、岩石性质等信息。地形地貌分析法能够从宏观角度把握地质构造和地貌特征，对于确定地质构造和地表特征具有重要意义。

②地球物理勘察法：通过对地球物理场的测量和分析，推断地下的岩土性质和构造。地球物理勘察法包括地震勘探、电磁勘探、地磁勘探等，能够间接获取地下岩土的信息，为地质勘察和工程设计提供了重要依据。

③遥感技术：通过卫星、航空等遥感技术获取场地信息，结合实地考察，推断场地的地质特征和岩土性质。遥感技术具有获取范围广、周期短、成本低等优势，能够快速获取大范围的地表信息，为岩土工程勘察提供了重要数据支持。

2.现有勘察方法的优缺点分析

岩土工程勘察方法的优缺点主要有以下几个方面：

（1）勘察精度和准确性

①现场勘察

优点：现场勘察能够直接观察地质情况，获取实时数据，具有较高的实时性和灵活性。

缺点：受到人为主观因素的影响，容易受到主观因素和环境因素的影响，使精度和准确性有一定局限性。

②钻探方法

优点：钻探方法能够直接获取地下岩土的实际情况，具有较高的精度和准确性。

缺点：成本高、周期长，受地质条件和孔隙度影响，存在一定的取样偏差。

③地球物理勘察和遥感技术

优点：能够获取较大范围的地质信息，具有较高的数据获取速度和范围。

缺点：受地表和地下介质的复杂性影响，数据解释和处理相对复杂，存在一定的识别误差。

（2）勘察范围和深度

①现场勘察

优点：适用范围广，可用于局部区域的详细勘察。

缺点：深度受限，无法深入地下较深层次，局限于地表和浅层信息。

②钻探方法

优点：能够深入地下，获取地下岩土的深层信息。

缺点：受到孔隙度和地质条件的限制，难以获取特定深度以下的信息。

③地球物理勘察和遥感技术

优点：能够覆盖较大范围，获取地表和地下的广泛信息。

缺点：深度受到技术限制，难以获取地下较深层次的信息。

（3）勘察成本和时间

①现场勘察

优点：成本较低，周期短，适用于小规模勘察和紧急勘察。

缺点：人力成本较高，受到天气和环境条件的限制，不能长期连续进行。

②钻探方法

优点：能够获取准确详细的地下信息，适用于需要高精度数据的工程勘察。

缺点：成本较高，周期较长，需要专业设备和技术人员，受到地下条件和孔隙度的限制。

③地球物理勘察和遥感技术

优点：成本相对较低，能够覆盖大范围，适用于大规模勘察和资源勘探。

缺点：数据处理和解释复杂，需要专业知识和技术支持，周期较长。

（4）勘察安全和环保

①现场勘察

优点：操作过程可控，安全风险相对较低。

缺点：可能对生态环境产生一定影响，需要合理规划和管理。

②钻探方法

优点：操作过程相对安全，勘察结果可靠。

缺点：可能对地下环境和水资源造成影响，需要合理施工和监管。

③地球物理勘察和遥感技术

优点：操作过程无须进入地下，对环境影响较小。

缺点：可能对大气环境产生一定影响，需要注意环境保护和监测。

3. 现有勘察方法适用性的评价

在选择岩土工程勘察方法时，需要全面评价其适用性，以确保勘察结果的准确性和可靠性。评价勘察方法适用性的因素包括地质环境的复杂性、勘察目的和要求、经济效益、安全性和环境保护等。

第一，地质环境的复杂性是评价勘察方法适用性的重要因素之一。在不同地质环境下，地下岩土的性质和分布情况各异，需要针对具体地质特征选择相应的勘察方法。例如，在地质构造复杂、地层变化剧烈的地区，可能需要采用多种勘察方法相结合，以获取全面、准确的地质信息。

第二，勘察目的和要求也是评价勘察方法适用性的关键考量因素。不同的勘察目的和要求可能需要获取不同类型的数据和信息，因此需要选择能够达到勘察目的的方法。例如，如果勘察目的是获取地下岩土的物理性质和力学参数，可能需要采用钻探等直接勘察方法；如果是获取地表覆盖类型和地形地貌信息，则可以考虑使用遥感技术等间接勘察方法。

第三，经济效益也是评价勘察方法适用性的考量因素之一。在选择勘察方法时，需要综合考虑勘察成本和勘察结果的质量，以确保在保证数据准确性的前提下，尽量降低勘察成本，提高经济效益。

第四，安全性和环境保护是评价勘察方法适用性的重要考虑因素。在选择勘察方法时，需要考虑其对环境和人员的影响，并选择安全、环保的勘察方法。例如，在选择钻探方法时，需要注意避免对地下水资源和生态环境造成不良影响。

（三）金属矿山特殊地层岩土工程勘察案例分析

1.案例选取和说明

选取某金属矿山作为案例，该矿山地质条件特殊，地层结构复杂，地表地下水流动情况多变，同时周边生态环境敏感，给岩土工程勘察带来了一定困难。该矿山地形起伏较大，河流、沟壑等地形特征显著。主要矿产包括铜、锌、铅等，矿床类型以脉状和层状为主，岩石类型包括片麻岩、石英岩、石灰岩、花岗岩等。周边地区为山林和农田，生态环境敏感性较高。

在这种特殊地质背景下进行地层岩土工程勘察是必要的。首先，勘察人员需要充分了解该矿区的地质特征和矿产类型，包括地层构造、岩性分布、地下水情况等。其次，勘察人员需要选择合适的勘察方法，如钻探、地球物理勘察、遥感技术等，并结合现场实地考察，获取准确的地质数据。针对地下水情况复杂的特点，可能需要采用地下水勘察技术，包括水文地质勘察、水文地球物理勘探等，以获取地下水的分布、流向等信息。

在勘察过程中，需要注重勘察数据的质量和准确性，尤其是针对地下岩土情况的勘察。勘察人员还需要关注勘察过程中可能遇到的安全风险，采取有效的安全措施，确保勘察工作的安全进行。同时，为了保护周边的生态环境，勘察工作也需要充分考虑环境保护的要求，避免对周边生态环境造成不良影响。

2.勘察方法的具体实施过程

在进行勘察前，首先需要进行地质勘探和资料搜集工作。通过现场勘察、钻孔、地球物理勘探、地形测量等手段，全面了解该矿区的地质情况。勘察的重点包括地质构造特征、岩性、断裂、褶皱、矿化程度、地下水流动情况等。在勘察过程中，需要特别关注以下几个方面：

（1）钻孔设计

根据勘察目的和特殊地质条件，科学合理地设计钻孔。在岩层和软弱层之间设计多孔和水位监测孔，以便获得更准确的地下水信息。

（2）地球物理勘察

利用地球物理勘察技术（如重力法、电磁法、地震波法等）对地质构造和岩土体性质进行探测，以提高勘察精度。

（3）地形测量

对矿区周边进行地形测量，掌握矿区内外地势高低变化，为地质勘察提供基础数据。

（4）环境保护

在勘察过程中，必须严格遵守环境保护要求，确保勘察活动不会对周边环境造成环境污染和生态破坏。

在具体实施中，需要对钻探方法和钻探参数进行合理选择。钻探方法主要包括旋转钻探和锤击钻探，而钻探参数则涉及钻孔直径、钻孔深度、钻探速度、钻头类型等方面的考量。此外，在钻探过程中，还需要采取防范措施（如防止钻孔堵塞、防止塌方等）以确保勘察工作的顺利进行和勘察数据的准确获取。

勘察结束后，需要对勘察结果进行统计和分析，以便为后续的工程设计提供基础数据，并在必要时对勘察方法和参数进行调整和优化。

3.结果分析和总结

通过对该金属矿山进行岩土勘察，我们采用了多种勘察方法，包括现场勘探、钻探、地质雷达探测、电磁法探测等。这些方法为我们提供了丰富的地质和物理数据，包括地层分布、土壤类型、地下水位、地下水流动状况、岩性特征、断层和节理的数量和走向等。基于这些数据，我们进行了深入分析和总结。

首先，在地层特征方面，我们观察到该矿区的岩石类型以片麻岩、石英岩、石灰岩、花岗岩为主，并且地层的分布受到断层控制，不规则的断层和褶皱造成了局部的隆起和下沉，形成了多种地形和地貌。这些地形和地貌的存在对勘察方法的选择和实施产生了一定的影响。

其次，在地下水环境方面，我们发现该矿区地下水主要是河流水和地下水相互转换的产物，地下水位较深，一般在深度为20~40米的地层中。地下水流向复杂，可能会受到地形、地层和断层等影响。

再次，在岩石物理特征方面，通过地质雷达和电磁法探测，我们得到了岩石的电阻率和介电常数等物理参数，从而了解了岩石的物理特征（如孔隙度、裂隙密度、质量等）。

最后，在岩体结构特征方面，通过钻探和现场勘测，我们获得了断层和节理的数量和走向等信息。这些数据对于该矿区的环境保护和矿山排水设计具有重要意义。

通过对该金属矿山的特殊地层岩土工程勘察，我们获得了丰富的地质和水文地质信息。其中，地下水信息对于该矿区的环境保护和矿山排水设计至关重要。在实际勘察中，我们还需要注重勘察技术的创新和完善，提高勘察精度和效率，加强对勘察数据的分析和处理，提高勘察数据的利用价值，为工程设计提供更加科学可靠的数据支撑。

（四）岩土工程勘察遥感技术的引进和应用

岩土工程勘察是对地质和工程岩土性质进行调查和评估的重要过程，而遥感技术的引进和应用为岩土工程勘察提供了全新的视角和高效的手段。遥感技术通过获取地面或地表以下物体的信息，包括但不限于地形、植被、土壤、水文地质等，为矿山的勘察和评价提供了高精度的测量和分析。

其中，多光谱遥感是遥感技术中应用广泛的一种手段，其通过不同波段的光谱信息来获取地表的特征。对于金属矿山的岩土工程勘察，多光谱遥感可以提供地表覆盖类型、植被状况、土壤类型等方面的信息，有助于地质环境进行全面了解和评估。

除了多光谱遥感，高光谱遥感也是一种重要的技术手段，其通过获取更丰富的光谱信息来识别和区分地表特征。在金属矿山的勘察中，高光谱遥感可以帮助区分不同岩石和矿物的特征光谱，为矿床的识别和评价提供支持。

此外，微波遥感技术也具有重要的应用价值。微波波段对于地表以下的信息穿透能力较强，可以获取地下水、地下构造等方面的信息。在金属矿山的岩土工程勘察中，微波遥感可以用于探测地下水位、水文地质特征等，为地下水资源的评价和利用提供数据支持。

二、案例分析与总结

本文通过对金属矿山特殊地层的岩土工程勘察技术进行了深入的研究和探讨，发现在金属矿山的勘察工作中存在一系列的影响因素，如地质背景、特殊地质构造等。这些因素对勘察方法和结果产生着重要影响。因此，必须结合地质背景和实际情况，综合选择适用的勘察方法。在现有的岩土工程勘察方法中，地面勘探和地下勘探是较为常用的方法，但也存在诸多缺陷和不足，如地下勘探方法成本高、取样难等。这给勘察工作带来了一定的挑战。

然而，本文在研究中也存在一些不足和问题。一是，本文只针对金属矿山特殊地层的岩土工程勘察技术进行了研究，对其他类型地质构造的勘察技术研究不足。这限制了研究的全面性。二是，本文中的案例分析是基于某一特定金属矿山的实际情况进行的，需要加强多个地区的实践案例分析，以增加研究的实用性和适用性。三是，本文对新技术的引进和应用只是简单地提及，需要进一步深入探讨新技术的优缺点以及适用性等方面的问题。

针对以上不足和问题，未来的研究可以从以下几个方面展望和建议：一是，应不断探索和开发新的勘察技术和方法，如无人机、激光雷达等，以提高勘察的效率和精度，降低勘察成本。二是，需要加强对勘察数据的管理和分析，建立完善的数据管理系统，并采用先进的数据分析技术，以更好地利用勘察数据。三是，未来的勘察工作应更加注重与工程设计的协同，紧密围绕工程设计的要求展开，为工程设计提供更加全面和精准的数据和信息。四是，应加强对勘察工作的标准化和规范化，以确保勘察工作的质量和可靠性。综上所述，未来的岩土工程勘察应继续推进技术创新和规范化发展，加强勘察数据的管理和分析，强化与工程设计的协同，以提高勘察工作的质量和效率。

第五章

地下水勘察与复杂地质条件下的水文地质特征

第一节　地下水勘察的原理与方法

一、地下水勘察的基本原理

（一）地下水勘察的基本概念

1.地下水勘察的定义与范畴

地下水勘察是岩土工程和水文地质领域中的一项关键技术，其范畴涵盖了获取地下水的相关信息，如分布、流动方向、水位深度等。这一过程通过采用多种地球物理方法和工具来实现，以满足对地下水资源的认识和利用需求。其基本原理在于地下水与地下介质之间存在着复杂的相互作用关系，因而可以通过对地下介质的物理性质进行测量和分析，来推断地下水的存在和特征。

地下水勘察的定义包括了对地下水的调查、探测和评估，以便更好地了解地下水资源的分布和特性。这一过程旨在为岩土工程、水资源开发等领域提供科学依据，以确保工程的安全性和可持续性发展。在地下水勘察中，常用的方法包括地球物理勘探、钻探勘察和水文地质调查等，这些方法的综合应用可以全面、准确地获取地下水的相关信息，为地下水资源的合理开发和利用提供重要支持。

总之，地下水勘察作为一项重要的技术手段，对于地下水资源的认识和利用具有重要意义。对地下水的调查和评估，可以为相关领域的工程设计和水资源管理提供科学依据，实现地下水资源的有效开发和可持续利用。

2.地下水勘察的重要性与应用价值

地下水是地球上重要的自然资源之一，它广泛存在于地下岩石或土层中，对人类的生活、农业、工业和生态系统的健康都具有不可替代的作用。地下水的合理开发和利用对于维持生态平衡、保障人类生存和促进社会经济发展具有重要意义。

第一，地下水在农业生产中发挥着不可或缺的作用。它是农业灌溉的重要水源之一，可以补充和调节土壤水分，保证作物的正常生长。尤其是在干旱地区或水资源紧缺地区，地下水的利用更加显得重要，能够提高农业生产的稳定性和可持续性。

第二，地下水在工业生产中也具有重要的应用价值。许多工业生产过程需要大量的水资源，而地下水往往是可靠的供水来源。对工业用水的合理利用不仅可以保障工业生产的正常进行，还可以减轻地表水资源的压力，有助于实现水资源的可持续利用。

第三，地下水也在人类生活和城市供水中发挥着重要作用。许多城市的自来水供应主要依赖于地下水，尤其是在城市化进程加快、人口增长迅速的情况下，地下水的重要性更加凸显。合理管理和利用地下水资源可以保障城市居民的生活用水需求，维护城市供水安全和稳定。

第四，地下水勘察技术的应用还对环境保护和生态恢复具有重要意义。通过对地下水资源的调查和评估，可以科学规划和管理地下水资源的开发和利用，避免过度开采和污染，保护地下水资源的可持续性和生态安全。

（二）地下水与地下介质的相互作用原理

地下水与地下介质的相互作用是地下水科学研究的核心内容之一，深入理解这种相互作用关系对于合理利用和管理地下水资源具有重要意义。

1.地下水在地下介质中的运动规律

（1）地下水运动规律受地下介质特性影响

地下水在地下介质中的运动规律受到多种因素的综合影响。其中，地层的渗透性是影响地下水运动规律的重要因素之一。渗透性较高的地层会使地下水更容易穿过，而渗透性较低的地层则会限制地下水的运动。此外，地层的孔隙度和孔隙结构也对地下水的运动规律产生重要影响。孔隙度越大、孔隙结构越复杂的地层，地下水的流动性越强，反之则受限。

（2）地下水的流向和流速

地下水通常沿着地下水位高程逐渐下降的方向流动，遵循从高到低的流动规律。在地质条件较为简单的情况下，地下水流速相对较慢且流向相对稳定。然而，在复杂的地质条件下，地下水流动受到地层变化、构造扭曲等因素的影响，流速和流向可能会发生变化，形成不同的水流场。

2.地下水与地下介质的相互作用关系

（1）地下水对地下介质的影响

地下水的存在和运动会改变地下介质的物理性质和化学成分。例如，长期的地下水侵蚀作用会导致地下岩石的溶解、腐蚀和破坏，形成洞穴、溶洞等地下空间。此外，地下水还会影响地下介质的渗透性、孔隙度等重要参数，改变地下介质的物理结构和水文地质特征。

（2）地下介质对地下水的影响

地下介质的性质对地下水的分布、流动和质量具有重要影响。地下介质的渗透性、孔隙度、含水层厚度等参数会影响地下水的存储和流动特征。同时，地下介质的孔隙结构和分布也会影响地下水的富集和输送过程，决定地下水资源的可利用性和可持续性。

二、地下水勘察方法与工具

（一）地球物理勘探

1.电磁法

（1）原理

电磁法是一种基于地下介质的电阻率差异来推断地下水分布的地球物理勘探方法。其原理是利用电磁波与地下介质相互作用的特性。当电磁波穿过地下介质时，不同类型的地层会对电磁波产生不同的响应，根据这种响应来推断地下水的存在和分布情况。

（2）应用

电磁法适用于对大范围地下水资源的勘察和评估。通过在地面上布设发射线圈和接收线圈，测量地下电磁场的响应，可以推断地下水的存在和分布情况。由于电磁法具有非侵入性、成本低、覆盖面积大等优点，因此在地下水资源的勘察和评估中得到广泛应用。

2.重力法

（1）原理

重力法是一种利用地球重力场的变化来间接推断地下水存在和分布的地球物理勘探方法。地下水的存在会对地球的重力场产生微弱的扰动，通过测量这种扰动来推断地下水的分布情况。

（2）应用

重力法适用于对地下水资源的深部勘察和评估。通过在地面上布设重力测量点，测量地球重力场的变化，可以推断地下水的存在和分布情况。重力法勘察具有较高的精度和可靠性，适用于对地下水资源的深部勘察和定量评估。

3.地电法

（1）原理

地电法是一种利用地下介质的电导率差异来推断地下水位置和深度的地球物理勘探方法。通过在地面上布设电极，施加电流，测量地下电场的响应来推断地下水的分布情况。

（2）应用

地电法适用于对地下水的浅层勘察和定量评估。通过测量地下电场的响应，推断地下水的位置、深度和水质状况。地电法勘察能够提供地下水的水位、水质、水力特征等重要信息，对于地下水资源的合理开发和利用具有重要意义。

（二）钻探勘察

1.旋转钻探

（1）原理和操作过程

旋转钻探是一种常用的地下水勘察方法，其原理是利用钻机在地下进行钻取操作，从地下获取岩土样本和地下水样本，然后进行实验室分析。在旋转钻探中，钻机通常配备有旋转钻杆和钻头，通过旋转钻杆并给予足够的钻压，使钻头在地下作业，钻取地下样本。

（2）应用范围和优势

旋转钻探适用于对地下水资源的深层勘察和评估。由于其能够获取深层地下水和岩土样本，并且具有较高的操作精度，因此能够提供较为准确的地下水信息。在实际应用中，旋转钻探常用于获取深层地下水的水质和水文地质特征，为地下水资源的开发和管理提供重要的数据支持。

2.锤击钻探

（1）原理和操作过程

锤击钻探是另一种常用的地下水勘察方法，其原理是通过手工或机械设备在地表上施加力量，使钻头在地下进行钻取，以获取地下水和岩土样本。在锤击钻探中，钻孔通常由钢管和钻头组成，通过手工或机械锤击的方式，将钻头推入地下。

（2）应用范围和优势

锤击钻探适用于对地下水资源的浅层勘察和初步评估。由于其操作简便、成本低廉等优点，常用于对地下水浅层情况的初步了解和评估。尤其是在地形复杂或环境条件受限制的情况下，锤击钻探是一种常用的勘察方法，能够快速获取地下水样本和岩土样本。

（三）水文地质调查

1. 野外观察

（1）实地观察与记录

野外观察是水文地质调查的重要环节之一，通过实地观察地表地貌、地形地貌、地层展布、地下水位等，记录相关数据和现象。这包括对地表地貌（如河流、湖泊、山地等）的观察，以及对地下水位的测量和记录，从而初步了解地下水资源的分布情况和水文地质特征。

（2）地质环境分析

通过野外观察还可以对地质环境进行分析，包括地层的岩性、厚度、倾向、断裂构造等特征。这些地质特征对地下水的储存和运移具有重要影响，通过野外观察可以初步了解地下水的运移通道和水文地质特征。

2. 取样分析

（1）地下水取样

在水文地质调查中，需要采集地下水样本进行分析。取样通常通过钻井或井水取样器等设备进行，以获取地下水样本，并记录水位、水温、pH 等相关参数。在实验室中分析这些地下水样本，可以确定地下水的水质状况，包括水质的主要离子组成、污染物含量等。

（2）岩土样品采集

除了地下水样本，还需要采集岩土样品进行分析。岩土样品通常通过钻孔等方式获取，包括岩石、土壤等样本。在实验室中对这些样品进行物理性质、化学性质等方面的分析，可以了解地下水运移的特征，包括渗透性、孔隙度等。

第二节　复杂地质条件下的水文地质特征

一、复杂地质条件对水文地质特征的影响

（一）地层的变化

1.地层不均匀性的影响

地层不均匀性在地下水系统中起着至关重要的作用，其影响主要体现在地下水的分布和流动方面。地层的不均匀性指的是地下岩层的非均匀分布情况，包括地层的性质、厚度、孔隙结构等方面的变化。这种不均匀性直接影响了地下水的运动规律和水文地质特征，从而对地下水资源的开发和管理产生重要影响。

第一，地层不均匀性会影响地下水的分布。不同地层的性质差异导致地下水在地下岩层中的分布不均匀。例如，当地层由多种不同类型的岩石组成时，水文地质单元之间可能形成水头差，使得地下水向低水头地区流动，从而形成地下水的非均匀分布。地层不均匀性还可能导致地下水的深浅不一，使得不同深度的地下水受到不同的地质条件和人类活动影响，进而影响地下水的利用和管理。

第二，地层不均匀性会影响地下水的流动方式。地层的不均匀性使得地下水的运动受到限制或促进。当地层的孔隙度、渗透性或厚度发生变化时，地下水的流动路径可能会受到阻碍或改变。例如，当地下水运动至不透水岩层时，地下水的流动路径可能会受到阻碍，形成地下水的阻塞带或隔水层，影响地下水的流动方向和速度。相反，地下水流经渗透性较高的地层时，水流可能会被加速或形成地下水径流。

2.地层层序变化的影响

地层层序变化是地质学中一个重要的概念，其对地下水系统的影响十分显著。地层层序变化通常指的是地下岩层在垂直方向上的分布特征发生变化。这种变化可能由沉积环境的变化、构造运动、岩石变质等引起。这种变化对地下

水的流动路径、分布格局以及水质特征都会产生深远影响。

一方面，当地层由低渗透性地层变为高渗透性地层时，地下水的流动通常会受到促进，因为高渗透性地层具有更好的导水性，水分更容易穿透和渗透。这种情况下，地下水可能会在高渗透性地层中形成流动通道，并且更容易在地下水系统中传输和储存，导致地下水的分布相对均匀，甚至形成地下水潜在的混合现象。相反，当地层由高渗透性地层变为低渗透性地层时，地下水的流动会受到限制，水文导水性能降低。在这种情况下，地下水可能会被隔离在低渗透性地层内部，无法有效地进行水文循环，导致地下水的分布不均匀和利用受限。

另一方面，地层层序变化还会对地下水系统的水质特征产生影响。当地下岩层发生层序变化时，可能会改变地下水的流动路径和储存条件，导致地下水与不同类型的岩石发生接触和相互作用。这种情况下，地下水可能会受到不同程度的地质过程影响，如岩石溶解、矿物溶解、水化作用等，从而改变地下水的化学成分和水质特征。因此，在地下水资源的开发和管理中，必须充分考虑地层层序变化对地下水系统的影响，采取科学合理的手段进行评估和利用，以确保地下水资源的可持续利用和保护。

3. 地层不连续性的影响

地层不连续性是地下水系统中一个重要的地质特征，对地下水的分布和流动方式产生显著影响。当地下岩层之间存在不连续性或者断裂时，地下水的流动可能会受到阻碍或促进，从而引起地下水的隔离或混合现象，进而影响地下水资源的利用和管理。

第一，地层不连续性会影响地下水的流动路径和分布格局。当地下岩层之间存在明显的不连续性或断裂带时，地下水在流动过程中可能会受到断裂带的阻碍而形成流动的隔离区域。这种情况下，地下水的流动路径会发生改变，可能会导致地下水在断裂带周围积聚或者在断裂带上形成地下水贫瘠区。断裂带的存在还可能导致地下水的流速增加或减小，取决于地下水流动方向和断裂带的性质。

第二，地层不连续性也会影响地下水的水质特征。当地下水流经断裂带或不连续的岩层时，可能会与不同类型的岩石相互作用，导致地下水的化学成分发生变化。例如，地下水在流经含有矿物的断裂带时，可能会受到矿物的溶解作用，使地下水的水质受到污染或富集。此外，断裂带的存在还可能导致地下水与地表水之间的交互作用增加，从而影响地下水的水质状况。

（二）构造的复杂性

1.构造断裂对地下水的影响

构造断裂在地下水系统中扮演着重要角色，其存在对地下水的流动和分布具有显著影响。构造断裂是地球表面岩石断裂形成的结果，通常由地壳板块运动引起。这些断裂带的存在会对地下水系统产生多方面的影响。

第一，构造断裂可能形成地下水的隔离带。当地下水流经构造断裂时，断裂带的存在可能会阻碍地下水的流动，导致地下水的隔离现象。这种情况下，地下水系统的不同部分之间可能无法进行水量交换，使得地下水的分布不均匀。有时，构造断裂还可能形成地下水的混合带，即不同地质单元的地下水在断裂带上混合，产生地下水的混合现象。

第二，构造断裂可能成为地下水深层循环的通道。在一些情况下，构造断裂的存在会导致地下水的深层循环，使得地下水资源向深层地层转移。这种深部地下水循环可能会对地下水资源的开发和利用产生影响，因为深部地下水的开采可能需要更深的钻探和更高的成本。

第三，构造断裂也可能对地下水的水质产生影响。断裂带通常是地质构造活动的区域，岩石在这些地方可能会发生破碎和变形，从而影响地下水的水质。例如，断裂带可能导致地下水与地表水之间的混合，使地下水受到地表污染物的影响。此外，构造断裂还可能导致地下水与地下岩石产生溶解作用，改变地下水的化学成分。

2.构造褶皱对地下水的影响

构造褶皱是地球表面地质构造中常见的一种形态，其存在对地下水系统的影响是多方面的。构造褶皱主要指地层在水平方向上的弯曲或抬升，通常由地壳板块的挤压和挤压作用引起。这些构造性地形特征对地下水的流动路径、水头分布和水位高程等都有一定程度的影响。

第一，构造褶皱的存在会改变地层的倾向和倾角，从而影响地下水的流动速度和方向。在褶皱的高处，地下水可能会受到地层向外拱起的影响而形成水头高程较高的集聚区。相反，在褶皱的低处，地下水可能受到地层向内拱起的影响而形成水头较低的贫瘠区。因此，构造褶皱在地下水系统中可能导致地下水的不均匀分布。

第二，构造褶皱可能会影响地下水的流动速度。在褶皱的抬升区域，地下水可能受到地层抬升的影响而形成水头高程较高的高压区，从而促进地下水的流动。相反，在褶皱的凹陷区域，地下水可能受到地层沉降的影响而形成水头高程较低的低压区，导致地下水的流动速度较慢。

第三，构造褶皱的存在还可能影响地下水位的高程。在褶皱的高处，地下水位可能相对较高，因为高处的地层通常是受到挤压作用而形成的高地。而在褶皱的低处，地下水位可能相对较低，因为低处的地层通常受到拉伸作用而形成低地。

3. 构造断层带对地下水的影响

构造断层带在地下水系统中起着至关重要的作用，其存在对地下水的分布和流动方式产生显著影响。构造断层带通常是由地壳运动引起的地层断裂带，其特点是构造断层带内地层发生了明显的错动。这种断裂带在地下水系统中可能产生多种影响。

一是，构造断层带可能成为地下水流动的隔离带。构造断层带内地层的错动可能导致地下水流动受到阻碍，形成地下水隔离带。构造断层带的错动使地下水流经构造断层带时受到了剧烈的阻力，导致地下水难以穿过或穿过量较少，从而在构造断层带周围形成地下水隔离带，影响周围地区的水资源利用和生态系统的稳定性。

二是，构造断层带可能成为地下水深层循环的通道。在地质演化过程中，构造断层带可能形成裂隙、孔洞等通道，使地下水在构造断层带周围形成高速流动的深层循环。这种情况下，地下水可以通过构造断层带的通道进入深部地层，从而影响地下水的分布和开发利用。对于深层地下水资源的开发和利用具有一定的指导意义。

三是，构造断层带的存在还可能对地下水的水质产生影响。由于构造断层带内地层的错动，地下水可能与构造断层带内的岩石接触，从而导致地下水中溶解物质的增加或改变，影响地下水的水质。例如，构造断层带内可能存在矿物质或放射性元素。这些物质可能会通过构造断层带进入地下水中，影响地下水的水质状况，对周围环境和人类健康构成潜在风险。

（三）地下水流动路径的扭曲

1.地质构造对地下水流动路径的影响

复杂的地质构造在地下水流动路径中扮演着关键角色，其不规则性、断裂带和断层等特征对地下水流动产生了显著影响。首先，地质构造的不规则性使得地下水流动路径的方向和速度难以预测。这种不规则性可能源自地质构造的多样性，包括褶皱、断裂、岩浆侵入等，导致地下水在地层中的流动路径呈现复杂、曲折的特征。其次，断裂带和断层的存在进一步增加了地下水流动路径的复杂性。断裂带和断层是地壳中岩石断裂的区域，其存在可能导致地下水在水文地质环境中发生偏转和分流。例如，在断裂带附近，地下水可能受到地质构造的不连续性的影响，从而改变原有的流动方向和路径。此外，地质构造的变化也会对地下水流动路径产生影响。当地质构造发生变化时，如地层的倾角、厚度或性质发生变化，地下水流动路径可能因此发生扭曲。这种扭曲可能导致地下水流向改变或地下水流动速度的变化，进而对地下水资源的分布和利用产生重要影响。因此，在地下水资源的勘察和利用过程中，对地质构造的综合分析和理解至关重要，其能够为合理评估地下水资源的分布和流动提供重要依据。

2.地下水位对地下水流动路径的影响

地下水位的高低和变化对地下水流动路径具有重要影响。这一影响是地下水系统中的关键因素之一。首先，地下水位的高低决定了地下水在地下水系统中的储存和分布情况。当地下水位较高时，地下水会在地下水系统中形成一定的水头，进而形成地下水的集聚区。这些集聚区通常位于地下水位高的区域，水位高的地下水会向周围地区渗流，形成地下水流向地表或地下水位较低区域的通道。相反，当地下水位较低时，地下水会向着水位较低的地区流动，形成地下水的流动通道。因此，地下水位的高低直接影响了地下水的流动路径的形成和分布。

其次，地下水位的变化会导致地下水流动路径的扭曲和变化。特别是在季节性水位变化较大的地区，如季节性地下水波动明显的平原地区或河流河谷，地下水位的升降会显著影响地下水的流动路径。在水位升高时，地下水流向水位较低的地区，形成水流路径的转移和扭曲。而在水位降低时，地下水则会重新调整其流动路径，以适应新的水文地质环境。这种水位变化导致的地下水流动路径的扭曲和变化，对地下水资源的利用和管理具有重要意义，需要进行深入研究和分析。

3. 人类活动对地下水流动路径的影响

人类活动对地下水流动路径产生的影响是地下水系统中一个重要的因素，其影响范围涵盖了各种不同类型的地下水资源利用和工程活动。首先，城市化进程中的各项地下工程建设对地下水流动路径产生了显著的影响。地下排水系统的建设会改变地下水系统中的水文地质特征，导致地下水流向地表的速度加快或流向地下的通道增多。地下管道和地下隧道的开挖可能会扰动周围的地下水流动路径，导致地下水的漏失或流向不稳定区域，进而影响地下水资源的分布和利用。

其次，农业灌溉活动对地下水流动路径也产生了显著的影响。大量的地下水用于农业灌溉，会导致地下水位的下降和地下水流动路径的改变。当农业灌溉过度时，地下水位下降会导致地下水流向水位较低的地区，可能会引发地表土壤盐渍化等问题，进而影响农业生产和土地可持续利用。

地下采矿活动也会对地下水流动路径产生直接的影响。地下矿井的开采可能会改变地下水位和地下水流向，导致地下水的集聚或流向不稳定，进而影响周边地区的地下水资源利用和生态环境保护。类似地，地下注水等地下工程活动也会改变地下水位和地下水流动路径，对地下水资源的分布和利用产生影响。

二、水文地质特征的识别与评估

在复杂地质条件下，准确识别和评估水文地质特征是有效开发和管理地下水资源的关键。这需要综合运用地质学、水文地质学、地球物理学等学科知识，并采用多种勘察方法和工具。

（一）地质剖面分析

地质剖面分析是水文地质研究中的重要手段之一，能够揭示地下水系统的构成、分布规律以及与地质条件之间的相互作用关系。以下是对地质剖面分析的各方面内容的深入探讨：

1.地层厚度与倾角分析

地层的厚度和倾角是影响地下水运动的关键因素之一。具体分析地层的厚度和倾角可以提供以下信息：

（1）地下水运动路径分析

了解地层的倾角能够揭示地下水的运动方向和速度。倾斜的地层可能导致地下水朝某个方向流动，而平坦的地层则可能导致地下水流动缓慢或者呈现横向扩散的特征。

（2）地下水流速评估

地下水流速与地层的倾角和渗透性密切相关。倾角较大的地层可能会形成地下水的急流区域，而倾角较小的地层则可能形成地下水的滞留区域，对地下水资源的利用具有一定的挑战性。

（3）地下水补给区域确定

通过分析地层的厚度和倾角，可以确定地下水的补给区域，即地下水的主要补给来源所在地，对于合理开发和保护地下水资源具有重要意义。

2.岩性与孔隙度分析

岩性及其孔隙度是地下水储存和运移的重要控制因素。深入分析岩性及其孔隙度可以提供以下信息：

（1）渗透性评估

不同岩性具有不同的渗透性，例如，砂岩通常具有较高的渗透性，而页岩则通常具有较低的渗透性。通过分析不同岩性的渗透性，可以评估地下水在地层中的运移速率和路径。

（2）孔隙度影响

孔隙度是岩石中存在的孔隙空间的比例，是地下水储存和运移的重要因素之一。孔隙度越大，岩石的储水能力就越强，地下水也更容易在其中流动。

（3）水文地质单元划分

根据不同岩性及其孔隙度的分布特征，可以将地质单元划分为不同的水文地质单元，有助于理解地下水系统的复杂性和动态变化，为地下水资源的管理和保护提供科学依据。

3.构造特征识别

构造特征在地下水系统中起着重要作用。对构造特征的识别和分析可以提供以下信息：

（1）断裂带的影响

断裂带可能会形成地下水的隔离带或通道，对地下水的运动路径产生重要影响。通过识别断裂带的位置和性质，可以更好地理解地下水系统的流动规律和分布特征。

（2）褶皱对地下水的影响

褶皱通常会形成地下水的集水区和排水区，对地下水的补给起着重要作用。分析褶皱的形态和分布可以揭示地下水在该区域的运动规律和特点。

（二）地球物理勘探

地球物理勘探是识别地下水分布和特征的常用手段之一。通过应用电磁法、重力法、地电法等方法，可以测量地下介质的物理性质，如电阻率、密度、电导率等，从而推断地下水的存在和分布情况。在复杂地质条件下，地球物理勘探可以提供以下信息：

1.重力法测量

重力法是一种间接推断地下水存在情况的地球物理勘探方法，其原理是通过测量地球重力场的变化来推断地下水的分布情况。具体而言，重力法测量提供以下信息：

（1）地下水补给区域识别

重力法能够检测地下水对地球重力场的微小影响，从而识别地下水补给区域的位置和范围。这对于确定地下水的补给来源及其与地表水体之间的关系至关重要。

（2）地下水异常区域监测

通过比较地下水存在区域与周围地区的重力异常情况，可以识别地下水异常区域，进一步指导后续勘察工作的展开。重力异常区域可能暗示着地下水的聚集或衰竭。

（3）地下水储存量评估

重力法可以帮助评估地下水的储存量，通过对地下水对地球重力场的影响进行分析，推断地下水的储存情况，为地下水资源的合理利用提供重要依据。

2.地电法测量

地电法是一种通过测量地下介质的电导率差异来判断地下水位置和深度的地球物理勘探方法。地电法测量可提供以下信息：

（1）地下水浅层勘察

地电法通常适用于对地下水浅层勘察，能够有效识别地下水的水位、水质、水力特征等。通过分析地下介质的电导率分布，可以推断地下水的存在情况及其水位变化。

（2）地下水污染检测

地电法对地下水污染的检测也具有一定的应用潜力。地下水中的污染物可能改变地下介质的电导率分布，因此可以通过地电法来检测地下水污染的情况。

（3）地下水流动路径推断

通过测量地下介质的电导率差异，可以推断地下水的流动路径及其流向。这对于理解地下水的运移规律以及制定地下水资源的合理保护与利用策略具有重要意义。

（三）水文地质调查

水文地质调查是识别地下水特征的直接手段之一。通过野外观察、取样分析等方法，可以了解地下水的地质环境和水文地质特征。具体而言，水文地质调查包括以下方面：

1.野外观察

野外观察是水文地质调查中的重要环节，通过对地表地貌、地形地貌、地层展布和地下水位等进行实地观察和记录，以获取地下水的分布情况和流动特征。具体而言，野外观察可提供以下信息：

（1）地表地貌观察

通过观察地表地貌特征（如河流、湖泊、沼泽等），可以初步判断地下水的补给区域和排泄区域，为后续的地下水勘察提供重要线索。

（2）地形地貌观察

地形地貌的高低起伏、沟壑纵横等特征反映了地下水在地表地形上的运动情况。通过对地形地貌的观察，可以推断地下水的流动路径和流向。

（3）地层展布观察

通过对地层的展布情况进行观察，可以初步了解地下水所处的地质环境，包括地层的厚度、倾角、岩性等，为后续的地质剖面分析提供基础数据。

（4）地下水位观察

对地下水位的观察可以直接了解地下水的深度和变化情况，为地下水资源的合理开发和利用提供重要参考。

2.取样分析

取样分析是水文地质调查的重要手段之一，通过采集地下水和岩土样本，并进行实验室分析，可获取地下水的水质、水文特征等重要信息。具体而言，取样分析可提供以下信息：

（1）地下水水质分析

通过对地下水样本的化学成分、溶解物质等进行分析，可以评估地下水的水质状况，为地下水资源的安全利用提供科学依据。

（2）地下水水质特征分析

通过对地下水样本的水位、流速、渗透率等进行分析，可以了解地下水的水力特征，包括水位变化规律、水文周期性等，为地下水资源的管理和保护提供数据支持。

第三节　水文地质数据分析与应用

一、水文地质数据处理与分析方法

水文地质数据处理与分析方法是对采集的水文地质数据进行整理、分析和解释的过程，其包括以下步骤：

（一）数据清洗

数据清洗是水文地质数据处理的首要步骤，其重要性在于确保后续数据分析的准确性和可靠性。正规的数据清洗过程可以排除异常值、修正错误数据以及填补缺失数据，从而确保数据质量达到科学研究和工程实践的要求。

1.异常值的排除

在数据清洗过程中，异常值是需要优先处理的问题之一。异常值可能是由于仪器故障、人为操作失误或其他突发事件引起的，如果不及时排除，将影响数据的准确性和可信度。因此，识别并排除异常值是数据清洗的任务之一。

2.错误数据的修正

除了异常值外，数据中还可能存在一些错误。这些错误可能包括数据格式错误、单位转换错误以及逻辑错误等。对于这些错误，需要进行相应修正，以确保数据的准确性和一致性。例如，对于单位转换错误，需要将数据统一转换为相同的单位；对于逻辑错误，需要检查数据的逻辑关系并进行修正。

3.缺失数据的填补

数据采集过程中常常会出现数据缺失的情况。这可能是由于设备故障、数据丢失或其他原因引起的。为了保证数据集的完整性和可用性，需要采取相应的方法进行缺失数据的填补。常用的填补方法包括插值法、均值填补法以及回归分析法等，选择何种填补方法取决于数据的特点和缺失值的分布情况。

（二）数据整合

数据整合是水文地质数据处理的关键步骤之一，其目的在于将来自不同来源、不同格式的数据整合成一个统一的数据集，为后续的分析提供可靠的数据基础。数据整合的过程涉及数据格式统一、数据匹配以及数据去重等方面，其重要性主要体现在以下几个方面：

1.数据格式统一

不同来源的水文地质数据可能具有不同的格式和结构，例如，有的数据以文本文件格式存储，有的数据以数据库记录的形式存在，而有的数据可能是以表格的形式组织。在数据整合的过程中，需要对这些数据进行格式统一，将它们转换成统一的数据格式，以便于后续的处理和分析。

2. 数据匹配

对于需要进行比较和关联分析的数据，需要确保其具有相同的空间和时间参考系统，以确保数据的匹配性。例如，在水文地质研究中，可能需要将地质构造数据和地下水位数据进行匹配分析，此时就需要确保这两类数据具有相同的空间参考系统，以保证数据的匹配性和可比性。

3. 数据去重

在数据整合的过程中，可能会出现存在重复数据的情况。为了避免重复计算和分析，需要对重复数据进行去重处理。去重操作可以通过识别和删除数据集中的重复记录来实现，从而确保数据的唯一性和准确性。

（三）数据统计

数据统计是水文地质研究中的重要工具，通过对采集的数据进行分析和总结，可以揭示地下水系统的主要特征和变化规律，为后续的建模和预测提供依据。在水文地质数据统计分析中，常用的方法包括描述统计分析、频率分布分析和相关性分析。

1. 描述统计分析

描述统计分析是对水文地质数据进行基本的统计描述，旨在了解数据的集中趋势和分散程度。通过计算数据的均值、中位数、标准差等，可以揭示地下水位、水质、水力特性等方面的基本情况。例如，可以计算地下水位的平均值和标准差，了解地下水位的集中趋势和波动范围，为地下水资源管理提供参考。

2. 频率分布分析

频率分布分析是针对具有连续性的水文地质数据进行的统计分析方法，旨在了解数据的分布规律和频次分布情况。通过绘制频率分布直方图或累积曲线，可以直观地展示地下水位、水质指标等数据的分布情况，进而分析不同水文地质特征在地下水系统中的占比和分布情况。

3. 相关性分析

相关性分析是研究不同水文地质变量之间关系的统计方法，可以探究它们之间的相关程度和相关方向。例如，可以分析地下水位与地下水质、地下水位与地层特征之间的相关性，以揭示它们之间的关系。通过相关性分析，可以进一步理解地下水系统内部的相互作用和影响机制，为地下水资源管理和环境保护提供科学依据。

（四）数据建模

数据建模是水文地质研究中的关键步骤，通过构建数学模型，可以模拟地下水系统的运动规律和预测其变化趋势。在水文地质数据建模过程中，常用的方法包括地下水数值模拟和地下水动力学模型的建立与评估。

1.地下水数值模拟

地下水数值模拟是利用数值计算方法对地下水流动进行模拟和预测的过程。通过收集的水文地质数据，包括地层结构、渗透性、水位等信息，建立数学方程组，运用数值模拟软件进行计算，得出地下水的时空分布情况。这可以帮助揭示地下水系统的运动规律、预测地下水位的变化趋势，为地下水资源的合理管理和利用提供科学依据。

2.地下水动力学模型的建立与评估

地下水动力学模型是对地下水流动过程进行定量描述的数学模型。通过建立地下水动力学模型，可以模拟地下水在不同地质条件下的流动规律，包括水流速度、方向、扩散程度等。这有助于深入理解地下水运动机制、预测地下水资源的可持续利用情况，并为地下水管理和工程设计提供技术支持。

建立地下水动力学模型后，需要对模型进行评估和优化，以提高其准确性和可靠性。评估包括对模型的模拟结果与实测数据的对比分析，验证模型的适用性和精度；优化则是针对模型中存在的不足和误差进行修正和改进，提高模型的预测能力和应用价值。

二、数据分析结果与工程实践结合

水文地质数据分析结果与工程实践结合，对于地下水资源管理、环境保护和工程安全具有重要意义：

（一）地下水资源管理

地下水是重要的淡水资源之一，对于人类生活、农业生产和工业发展都至关重要。有效管理地下水资源，保证其可持续利用，对于维护生态平衡和社会经济可持续发展具有重要意义。水文地质数据分析在地下水资源管理中发挥着关键作用，通过对数据的分析和解释，可以为资源管理部门提供科学依据和决策支持。

1.地下水资源分布情况的分析

通过分析地下水位、水质、水文地质条件等数据，可以揭示地下水资源的分布情况。不同地质地形条件下，地下水资源的分布具有差异性，部分地区地下水资源丰富，而另一些地区则较为匮乏。对地下水资源分布情况的分析有助于确定各地区的地下水补给量和水质状况，为资源的合理开发利用提供依据。

2.水资源开发利用规划的制订

结合地下水资源分布情况，可以制订合理的地下水开发利用规划。通过数据分析，可以确定地下水开采的合理方案和保护措施，避免过度开采和污染，保障地下水资源的可持续利用。在制订规划过程中，还需考虑社会经济发展需求、生态环境保护等因素，确保资源的合理配置和利用。

3.水文地质监测网络的建设

基于数据分析结果，可以建设水文地质监测网络，定期监测地下水位、水质等参数。监测网络覆盖范围广泛，包括城市、农村、工业区等不同区域，监测数据的及时性和准确性对于科学决策至关重要。通过建设水文地质监测网络，可以实现对地下水资源变化的实时监测，为资源管理部门提供科学数据支持，及时调整管理策略。

（二）地下水灾害防治

地下水涌水和滑坡是常见的地下水灾害类型，对工程建设和人类生活造成严重威胁。因此，水文地质数据的分析和应用在地下水灾害的防治中至关重要。通过充分利用水文地质数据分析结果，可以有效评估地下水灾害的风险，提前预警并采取相应的防治措施，保障工程安全和人民生命财产安全。

1.地下水涌水风险评估

地下水涌水是指地下水突然从地表或地下渗出，对工程和生活造成严重影响的灾害。水文地质数据分析结果可用于评估地下水涌水的风险。首先，根据地下水位数据和地下水动态变化情况，确定地下水位较高的区域。其次，结合地质条件和工程设施情况，分析潜在的地下水涌水区域和可能的涌水机制。最后，采取相应的地下水治理措施，如加固工程结构等，以减少地下水涌水对工程和环境的影响。

2.地下水滑坡风险预警

地下水对滑坡的稳定性有重要影响，高地下水位可能导致土层失稳而引发滑坡灾害。通过水文地质数据的分析，可以预测地下水对滑坡稳定性的影响，并制定相应的监测预警机制和防治措施。监测地下水位和土层稳定性参数，及时发现地下水位升高和土层失稳的迹象，预警可能发生的地下水滑坡风险，并采取措施加固，以减少灾害损失。

（三）土木工程安全

水文地质数据的分析对土木工程的安全至关重要。通过深入分析水文地质数据，可以获取关键信息，评估地下水对地基稳定性和地下隧道施工的影响，并制定相应的安全措施，以确保土木工程的安全进行。

1.地下水对地基稳定性的影响评估

地下水对地基稳定性的影响是土木工程设计和施工中必须认真考虑的重要因素之一。特别是在地下水位较高的地区，地下水的存在可能会对地基产生巨大的影响，因此需要进行详尽的水文地质数据分析，以评估地下水对地基稳定性的影响，并制定相应措施，以确保土木工程的安全进行。

（1）分析地下水位

地下水位的高低和变化趋势对地基稳定性具有直接影响。因此，首先需要对地下水位进行详细分析：

①水位高低分析：分析地下水位的高低，了解地下水位是否处于接近地表或地下结构的临界水位。

②变化趋势分析：对地下水位的变化趋势进行监测和分析，了解地下水位的季节性和长期性变化情况。

（2）考虑土层条件

土层的性质对地基稳定性的影响不可忽视。地下水与土层之间的相互作用可能会导致土层的液化、软化等问题，因此需要综合考虑土层的渗透性、抗压性等条件：

①土壤类型分析：了解土壤的类型和特性，评估其渗透性、抗压性等参数。

②水文地质条件评估：分析地下水与土层之间的相互作用，评估地下水对土层的影响程度。

（3）确定排水方案

针对地下水位较高的地区，需要制订合适的排水方案，以减轻地下水对地基的影响：

①排水系统设计：根据地下水位和地表水排水条件，设计合适的排水系统，将地下水及时排除，降低地表受水位影响的可能性。

②渗水控制：对于较弱的土层，采取渗水控制措施，如设置防渗墙等，以防止地下水渗入土层导致土层液化和软化。

（4）采取加固措施

针对地下水对地基稳定性产生较大影响的情况，需要采取相应的加固措施：

①地基加固：对于受地下水影响较大的地区，可以采取加固地基的措施，如加厚地基、设置地下水防渗层等，以提高地基的稳定性。

②护坡设置：在地基周围设置护坡等结构，以减少地基受地下水侵蚀的影响，保持地基的稳定性。

2.地下水对地下隧道施工的影响评估

地下水对地下隧道施工的影响是隧道工程设计和施工中必须认真考虑的重要因素之一。特别是在岩溶地区和含水层丰富的地区，地下水可能会对隧道施工产生较大影响，因此需要进行详尽的水文地质数据分析，以评估地下水对地下隧道施工的影响，并制订相应的施工方案和安全措施，以确保隧道施工的安全进行。

（1）分析地下水位和岩层情况

地下水位和岩层情况是评估地下水对地下隧道施工影响的重要指标之一：

①地下水位分析：通过分析地下水位的高低和变化趋势，评估地下水对隧道施工的渗水量和施工条件的影响程度。

②岩层情况分析：了解地下岩层的类型、结构、渗透性等情况，评估岩层的稳定性和渗水性，为隧道施工提供基础数据。

（2）制订排水方案

针对地下水位较高的地区，需要制订有效的排水方案，以降低隧道施工中的渗水量，确保施工的顺利进行：

①排水系统设计：根据地下水位和地质条件，设计合适的排水系统，包括排水管道、泵站等设施，及时排除隧道施工中的渗水。

②渗水控制措施：对于高渗透性的岩层，可以采取渗水控制措施，如注浆加固、隔水墙设置等，以减少渗水量，保障施工安全。

（3）设计支护措施

根据地下水位和岩层情况，需要设计合适的支护措施，保障隧道施工的安全进行：

①注浆加固：对于渗水量较大的地区或岩层较松软的地区，可以采取注浆加固措施，提高岩层的稳定性。

②隔水墙设置：在需要保持干燥施工环境的地区，可以设置隔水墙，防止地下水渗入隧道施工区域。

通过以上措施的综合应用，可以减轻地下水对地下隧道施工的影响，确保隧道施工的安全进行。

第六章

复杂地质条件下的岩土勘察技术创新

第一节　先进的岩土勘察技术发展趋势

一、复杂地质下岩土勘察工作中存在的问题

（一）岩土工程分析评价存在的问题

1.地基承载能力计算方法滞后

岩土工程中地基承载能力的计算是保证工程安全性的重要环节。然而，我国目前仍然采用传统的查表法来计算地区地基承载能力。这种方法在应对复杂地质条件下已显得滞后。随着工程复杂性的增加，传统的查表法存在着以下问题：

（1）适用性受限

传统的查表法的适用范围受限于简单的地质条件，对于复杂地质情况的地基承载能力评估效果不佳，难以准确反映实际情况。

（2）数据更新滞后

地基承载能力的计算方法需要依赖于大量的地质数据和实测资料，然而，这些数据的更新周期相对较长，导致计算方法的更新滞后于实际情况。

（3）准确性不足

传统的查表法对于地基承载能力的计算通常采用经验公式或查表方式，其准确性受到地区特点、地质情况等多种因素的影响，容易出现偏差。

这些问题导致了地基承载能力计算方法的准确性和适用性不足，无法满足现代岩土工程施工的要求，可能给工程带来风险。

2.地基均匀性评价不科学

在高层建筑的地基均匀性评价方面存在着对普通建筑评价机制的滥用问题。传统上，对地基均匀性的评价往往使用一些简单的方法或标准，而这些方法和标准可能并不适用于高层建筑的地基评价。具体问题包括：

（1）评价标准不适用

高层建筑对地基的要求与普通建筑有明显差异，例如，对地基沉降、承载

能力等方面的要求更为严格，但传统评价标准未能充分考虑这些差异。

（2）误判风险增加

使用高层建筑的评价标准来评价普通建筑的地基均匀性容易导致对地基状况的误判，可能增加工程风险。

这种不科学的地基均匀性评价方法可能导致对地基状况的误判，增加工程风险。

3.施工人员操作不规范

在岩土工程中，施工人员的操作规范与否直接影响勘察数据的准确性和工程安全性。然而，实际情况中存在一些施工人员操作不规范的问题：

（1）技术水平参差不齐

一些施工人员可能缺乏足够的技术培训和经验积累，导致技术水平参差不齐，影响了勘察数据的准确性。

（2）数据处理不当

在勘察过程中，施工人员需要对采集到的数据进行记录、处理和分析，但一些施工人员可能对数据处理方法不熟悉，导致勘察结果不准确。

这些问题可能影响施工质量和工程安全。

4.勘察工作配合不畅

在大型岩土工程勘察中，勘察人员和钻机工作人员之间缺乏有效配合，可能导致勘察工作效率低下，勘察数据得不及时共享和利用。主要表现在以下几个方面：

（1）沟通不畅

勘察人员和钻井工作人员之间存在沟通不畅的问题，导致信息传递不及时，影响了勘察工作的进展。

（2）协调不足

缺乏有效的协调机制，勘察人员和钻机工作人员之间可能出现工作冲突或重复，浪费资源和时间。

这些问题严重影响了勘察工作的效率和质量，需要加强沟通和协调，提高工作效率。

（二）野外勘察存在的问题

1.勘察方案和勘探方法随意更改

在野外勘察工作中，一些勘察技术人员为追求经济效益或节省时间，可能会随意更改勘察方案和勘探方法，而不考虑对后期工程施工的影响。这种行为可能导致以下问题：

（1）数据不准确：更改勘察方案和勘探方法可能导致勘察结果不准确，影响工程设计和施工的准确性。

（2）安全隐患：随意更改勘察方案和勘探方法可能导致相关人员未能全面了解地质情况，埋下工程施工安全隐患，增加工程风险。

（3）影响工程进度：随意更改勘察方案和勘探方法可能导致勘察工作周期延长，影响工程进度，增加施工成本。

这些问题表明勘察方案和勘探方法的随意更改可能对工程施工造成不利影响，需要加强管理和规范。

2.勘察人员工作质量参差不齐

在野外勘察工作中，一些勘察人员可能没有严格要求自己，导致勘察工作质量参差不齐。具体表现在以下几个方面：

（1）勘察操作不规范：一些勘察人员可能缺乏操作规范，导致勘察数据的采集不准确或不完整。

（2）数据记录不完整：勘察人员在野外工作时可能存在数据记录不完整的情况，导致后续数据处理困难，影响勘察结果的准确性。

（3）勘察过程中的失误：由于勘察工作的复杂性，一些勘察人员可能在勘察过程中出现失误，影响了勘察数据的可靠性。

这些问题的存在表明勘察人员的工作质量不稳定，需要加强培训和管理，提高勘察工作的质量和效率。

3.缺乏充分的勘察准备

在野外勘察工作中，有些相关单位和勘察人员可能没有充分意识到勘察工作的重要性，导致缺乏充分的勘察准备工作。具体表现在以下几个方面：

（1）勘察方案不完善：一些勘察方案可能存在不完善或缺乏前期论证的情况，导致勘察工作无法顺利进行。

（2）勘察设备不足：缺乏充分的勘察准备可能导致勘察设备的数量不足，

影响勘察工作的进行。

（3）人员培训不足：缺乏充分的勘察准备可能导致人员培训不足，影响勘察工作的质量和效率。

这些问题的存在表明缺乏充分的勘察准备可能导致勘察工作的不顺利，需要加强对勘察工作的重视和准备工作的完善。

4.勘察结果缺乏实际参考价值

如果勘察人员没有充分了解工程的实际情况，勘察结果可能缺乏实际参考价值。这可能导致勘察结果与工程实际情况不符，影响了勘察工作的效率和成果的可靠性。具体表现在以下几个方面：

（1）未充分考虑工程需求：勘察人员可能未充分考虑工程需求，导致勘察结果无法满足工程设计和施工的需要。

（2）勘察数据不准确：由于未能充分了解工程情况，勘察人员可能采集的数据不准确或不完整，影响勘察结果的可靠性。

（3）勘察结果与工程实际情况不符：勘察结果可能与工程实际情况不符，导致后续工程设计和施工存在困难和风险。

这些问题的存在表明勘察工作需要充分考虑工程的实际情况，确保勘察结果具有实际参考价值。

5.信息沟通不畅

在大型岩土工程建设中，钻机作业需要大量人力资源和技术资源，但是各探测班之间可能存在着信息沟通不畅的问题。具体表现在以下几个方面：

（1）沟通渠道不畅：各探测班之间可能存在着沟通渠道不畅的问题，导致信息传递不及时，影响勘察数据的及时共享和利用。

（2）信息传递不及时：由于信息沟通不畅，勘察数据可能无法及时传递到相关单位或人员，影响了工程设计和施工的进展和质量。

二、改善岩土工程勘察工作的措施

（一）选用先进的勘察设备

1.引进先进设备与技术

随着科技的迅速进步，岩土工程勘察领域的设备和技术不断得到更新和升级。在面对岩土工程勘察过程中的诸多挑战和问题时，引进先进的勘察设备和技术被认为是解决现有问题、提高勘察工作质量和效率的重要途径。

先进的勘察设备和技术包括多方面，其中之一是高精度的钻探设备。随着工程复杂度的增加，传统的钻探设备可能无法满足对地质情况更为细致和精确的需求。因此，引入高精度的钻探设备能够更准确地获取地下岩土结构和地质信息，为工程设计和施工提供更可靠的依据。

另一个重要的先进技术是地质勘探雷达。传统的地质勘探方式可能受限于地下环境的复杂性，无法有效地获取地下岩土结构和地质信息。而地质勘探雷达能够通过电磁波的反射和传播，实现对地下介质的非破坏性探测，从而快速、准确地获取地下岩土结构和地质信息，为工程设计和施工提供重要参考。

此外，遥感技术也是岩土工程勘察领域的重要技术之一。通过卫星遥感、航空遥感等手段获取地表和地下的大范围数据，能够全面、快速地了解勘察区域的地形地貌、地质构造等信息，为岩土工程的勘察和设计提供重要数据支持。

2.应用信息技术提升勘察水平

在提升岩土工程勘察水平方面，信息技术的应用是至关重要的一环。除了引进先进设备外，信息技术的运用可以进一步提高勘察数据的处理、管理和分析效率，从而全面提升勘察水平。

一项重要的信息技术应用是对勘察设备进行软件系统的应用和硬件系统的升级。通过这种方式，可以实现勘察数据的实时监测、自动记录和智能分析。例如，利用现代化的数据采集软件和数据处理工具，勘察人员可以实时监测勘察设备的运行状态、数据采集情况以及勘察结果的质量，从而及时发现和解决问题，提高数据的可靠性和准确性。同时，借助先进的数据处理算法和模型，可以对大量的勘察数据进行快速、准确的分析，提取出有用的信息并做出科学合理的判断。

另一个重要的信息技术应用是利用地理信息系统（GIS）技术进行数据管理和空间分析。GIS技术可以有效整合和管理大量的勘察数据，实现数据的空间化和可视化，为工程设计和规划提供重要的参考依据。通过GIS技术，可以对勘察区域的地形地貌、地质构造等信息进行全面、系统的分析，帮助工程师全面了解工程施工地区的地质环境，为工程设计和施工提供科学依据和技术支持。

3.加强国际交流与合作

加强国际交流与合作是提升岩土工程勘察水平的重要途径之一。岩土工程勘察涉及复杂的地质条件和多样化的工程需求，需要不断吸取国际先进经验和技术，才能更好地应对挑战并取得更好的成果。因此，积极开展国际交流与合作，与其他国家的勘察机构和企业建立合作关系，共同开展科研项目和技术交流是至关重要的。

第一，国际交流与合作可以帮助我国岩土工程勘察领域了解和学习国际先进经验和技术。不同国家在岩土工程勘察领域可能有着各自独特的技术和方法，通过与国际同行进行交流合作，我国岩土工程勘察机构和企业可以及时了解国际最新的研究成果、技术进展和工程实践经验，借鉴和吸收国际先进经验，从而推动我国岩土工程勘察技术的创新和发展。

第二，国际合作可以促进我国岩土工程勘察领域的人才培养和技术交流。通过与国际同行的合作，我国岩土工程勘察人员可以与国际一流专家和技术人员进行深入交流与合作，开展联合研究项目和技术培训活动，提升自身的专业水平和工作能力。同时，国际交流合作还可以促进我国岩土工程勘察领域人才的国际化，培养具有国际视野和竞争力的专业人才。

第三，国际合作还可以拓展我国岩土工程勘察领域的市场空间和业务范围。通过与国际合作伙伴的合作，我国岩土工程勘察企业可以开拓海外市场，参与国际工程项目，提升自身的国际竞争力和影响力。同时，国际合作还可以促进我国岩土工程勘察企业与国际先进企业进行技术合作和交流，共同开发和应用新技术、新产品，提升产品质量和市场竞争力。

（二）做好资料收集工作

1.深入研究地质环境和地形地貌

在岩土工程勘察前，深入研究施工地区的地质环境和地形地貌是至关重要的步骤。这项工作涉及对地质构造、地层分布、地形地貌等方面进行全面调查和分析。通过深入了解地质环境和地形外貌，可以为后续的勘察工作提供重要的参考依据，减轻勘察过程中的盲目性和不确定性。

第一，对地质构造的研究是岩土工程勘察的基础之一。地质构造直接影响着地层的形成和分布，对地下岩土结构和性质产生重要影响。通过分析地质构造，可以了解地下岩土的构造特征、断裂和褶皱的分布情况，为勘察工作提供重要的地质资料。

第二，对地层分布的研究也是岩土工程勘察的重要内容之一。地层分布直接决定了地下岩土的性质和特点，对工程的稳定性和安全性有着重要影响。通过对地层分布的研究，可以确定地下岩土的类型、厚度和分布规律，为工程设计和施工提供重要参考依据。

第三，对地形地貌的研究也是岩土工程勘察不可忽视的方面。地形地貌直接反映了地表的起伏和地形特征，对地下水流和岩土侵蚀等地质过程有着重要影响。通过对地形地貌的研究，可以了解地表的地形特征、河流湖泊的分布情况以及地表的坡度和高差，为岩土工程的设计和施工提供重要参考依据。

2.系统研究和记录勘察数据

在岩土工程勘察中，系统研究和记录勘察数据是确保工程质量和安全的重要步骤之一。这涉及对各项数据的详细记录、归档和管理，包括钻孔、取样、地质构造、地层特征等方面的数据。

一是，针对钻孔数据，应该对钻孔的位置、深度、钻进速度、钻孔质量等信息进行详细记录。钻孔数据是了解地下岩土结构和性质的重要依据，对地质勘察和工程设计起着至关重要的作用。因此，对钻孔数据的准确记录和归档可以为后续的分析和评估提供重要依据。

二是，对取样数据也应该进行系统研究和记录。取样数据包括取样位置、深度、取样方式、取样数量以及取样质量等信息。取样数据是了解地下岩土物理性质和力学性质的重要依据，对工程设计和施工具有重要指导作用。因此，对取样数据的详细记录和归档可以为后续的实验分析和工程设计提供重要支持。

三是，地质构造和地层特征也是岩土工程勘察中需要重点研究和记录的内容。地质构造包括断裂、褶皱、地层倾角等信息，地层特征包括地层厚度、岩土类型、土层分布等信息。这些数据对于理解地下岩土结构和性质、评估地质灾害风险具有重要意义。因此，对地质构造和地层特征的详细记录和归档可以为工程设计和施工提供重要依据，提高工程的安全性和稳定性。

3. 加强地质调查和勘察报告编写

加强地质调查和勘察报告编写是确保岩土工程勘察工作顺利进行和工程设计、施工安全可靠的重要环节。地质调查是勘察工作的基础，它直接影响着后续工作的准确性和可靠性。地质调查应当注重数据的全面性和准确性，包括对地层分布、地质构造、地下水情况、地形地貌等方面的详细调查。这些调查数据将为后续的岩土工程勘察提供重要的参考依据，帮助工程人员充分了解施工地区的地质环境和工程特征，从而制订科学合理的勘察方案和施工方案。

另外，勘察报告的编写也是岩土工程勘察工作中至关重要的环节。勘察报告是对勘察成果的总结和归纳，是向相关部门和工程人员交付的重要文档。在编写勘察报告时，应当客观真实地反映勘察过程和结果，全面准确地描述地质情况和勘察数据，对工程设计和施工提出可靠的建议和意见。勘察报告应当具备科学性、系统性和可操作性，能够为工程设计和施工提供明确的技术指导和依据。

为了加强地质调查和勘察报告编写工作，可以采取以下措施：

（1）确保地质调查的全面性和准确性，充分利用现代化的勘察技术和设备，获取高质量的调查数据；

（2）加强勘察人员的培训和素质提升，提高其对地质环境的认识和理解，增强勘察工作的科学性和规范性；

（3）建立健全的勘察数据管理系统，对采集的勘察数据进行及时、准确的整理、归档和备份；

（4）严格按照相关规范和标准编写勘察报告，确保报告内容客观真实、准确可靠；

（5）加强勘察报告的审查和评估，确保其内容符合工程设计和施工的要求，对后续工作起到指导作用。

通过加强地质调查和勘察报告编写工作，可以提高岩土工程勘察的水平和质量，为工程设计和施工提供可靠的技术支持和保障，确保工程的安全、稳定和可持续发展。

（三）加强对勘察工作的监管

加强对勘察工作的监管是确保岩土工程勘察工作质量和安全的重要措施。下面分别就建立科学完整的监督管理制度、加强合同管理和技术审查，以及加强对勘察队伍的建设和培训等方面进行深入探讨。

1.建立科学完整的监督管理制度

岩土工程勘察工作涉及复杂的地质环境和多样化的工程需求，因此需要建立科学完整的监督管理制度来保障勘察工作的准确性和可靠性。首先，需要制定和完善相关的勘察操作规范和数据质量控制标准，明确勘察工作的基本流程和操作要求，确保勘察工作的规范化和标准化。其次，应建立健全的监督检查机制，包括定期组织勘察工作的现场检查和数据审核，对勘察数据的采集、处理和报告等环节进行全面监督和检查，及时发现和纠正问题，确保勘察数据的准确性和可靠性。此外，还应建立勘察工作的责任制和奖惩机制，明确相关人员的职责和权利，激励勘察人员提高工作质量和效率。

2.加强合同管理和技术审查

合同管理和技术审查是岩土工程勘察工作的重要环节，对勘察工作的质量和安全起着关键作用。在合同管理方面，应建立健全的合同管理制度，严格按照合同要求组织和实施勘察工作，确保勘察工作按照合同约定的内容和标准进行。同时，应加强对合同执行情况的监督和检查，及时发现和解决合同履行中存在的问题和风险，确保合同顺利履行和工程顺利进行。在技术审查方面，应建立专门的技术审查机构或委员会，对勘察成果进行全面和细致的技术审查，确保勘察数据和报告的准确性和可靠性，为工程设计和施工提供可靠的技术依据和支持。

3.加强对勘察队伍的建设和培训

勘察队伍是岩土工程勘察工作的中坚力量，对其建设和培训具有重要意义。首先，应加强对勘察队伍的组织和管理，建立科学合理的组织架构和工作机制，明确各级人员的职责和权利，提高勘察工作的组织和协调能力。其次，应加强对勘察队伍的培训和培养，开展系统全面的培训计划，提高勘察人员的业务水平和技术能力，不断提升其勘察工作的质量和效率。此外，还应重视对勘察队伍的岗位培训和专业技能培训，为其提供良好的学习和成长环境，激励其不断进步和创新。

通过建立科学完整的监督管理制度、加强合同管理和技术审查，以及加强对勘察队伍的建设和培训等措施，可以有效提升对岩土工程勘察工作的监管水平，保障勘察工作的质量和安全，促进工程建设的顺利进行和可持续发展。

（四）完善对技术人员的培训与技术指导

在应对岩土工程勘察领域技术人才短缺的现状时，建立健全的技术人员培训体系至关重要。以下将对设立专业培训机构、推行专业化教育、加强企业内部培训和技术指导，以及推动行业标准化和规范化建设等方面进行深入讨论。

1. 设立专业岩土工程勘察培训机构

针对岩土工程勘察领域的技术人才培养需求，政府和相关行业协会可以合作设立专门的培训机构。这些培训机构可以提供系统的培训课程和实践指导，其内容覆盖岩土工程勘察的理论知识、实践操作技能、安全规范等方面。培训课程可以针对不同层次和岗位的人员进行细分，实现从基础知识到高级技能的全面培养。

2. 推行岩土工程勘察专业化教育

除了专业培训机构外，各大学和技术学院也应该加强岩土工程勘察相关专业的教育。教学内容应该与岩土工程勘察的实际需求密切相关，注重理论与实践的结合。培养学生的创新能力和实际操作技能，使他们毕业后能够胜任岩土工程勘察领域的工作。

3. 加强企业内部培训和技术指导

岩土工程勘察企业在培养技术人才方面也承担着重要责任。企业应该建立健全的内部培训机制，为技术人员提供定期的培训和学习交流机会。这些培训活动可以涵盖岩土工程勘察的前沿技术、操作技能、安全规范等内容，有针对性地提升员工的专业水平和综合素质。此外，对于新员工，企业还应提供系统的岩土工程勘察实践指导，帮助他们尽快适应岗位工作并提升其业务水平。

4. 推动行业标准化和规范化建设

行业标准的制定和实施对于提升岩土工程勘察领域的技术人才培养水平至关重要。应加强对岩土工程勘察行业标准的制定，明确勘察工作的技术要求和操作规范。建立健全的质量监督和评估机制，对勘察成果进行定期检查和评估，及时发现和纠正问题，确保勘察工作的准确性和可靠性。这些标准和规范的实施将有助于规范从业人员的行为和工作流程，提高勘察工作的质量和效率。

通过设立专业岩土工程勘察培训机构、推行岩土工程勘察专业化教育、加强企业内部培训和技术指导，以及推动行业标准化和规范化建设等措施，可以有效解决岩土工程勘察领域技术人才短缺的问题，提升技术人员的培训水平和综合素质，促进岩土工程勘察领域的健康发展。

第二节　复杂地质条件下的勘察技术创新案例

案例一：激光扫描技术在隧道勘察中的应用

激光扫描技术在隧道勘察中的应用具有重要的工程意义。本案例介绍了一种基于三维激光扫描技术的隧道断面测量方法。该方法在地铁隧道断面测量工程实践中展现显著的优越性。三维激光扫描技术以其高效、精准的特点，为隧道断面测量带来了革命性的改进。通过详细描述三维激光扫描技术的工作原理和测量流程，本案例阐述了其在地铁隧道断面测量中的应用方式。

随着全国轨道交通的快速发展，地铁隧道的建设与维护成为一项重要任务。而传统的断面测量方法往往存在效率低、精度不高等问题，无法满足工程的需求。而基于三维激光扫描技术的隧道断面测量方法，通过将激光扫描仪置于适当位置，利用激光束扫描隧道内部，实现了对隧道断面的快速、精准测量。相比传统方法，该技术无须人工直接接触隧道内部，大大提高了测量的安全性和效率。

实践表明，三维激光扫描技术作为轨道交通领域的一项创新技术，不仅能够有效提高地铁隧道断面测量的效率，极大地节约了人工成本，同时其测量精度也能够满足相关要求。该技术的应用为地铁隧道工程的设计、施工和运营维护提供了可靠的技术支持。

基于工程实践经验，本案例对三维扫描技术在轨道交通领域的应用前景进行了展望。随着地铁网络的不断扩展和技术的进步，三维激光扫描技术必将应用于地铁运营维护、变形监测等更多领域。其在地铁隧道工程中的成功应用，将为其他类似工程提供宝贵的经验和参考，推动整个轨道交通领域的技术创新和发展。

（一）三维激光扫描技术的原理

三维激光扫描技术是一种利用激光束扫描目标物体表面并记录其几何形状的先进测量技术。在适用于隧道断面测量的地面三维激光扫描仪中，主要包括高精度激光测距仪、反射棱镜组成的激光扫描系统、计时系统、控制电路板、CCD 相机等组件。

该技术的工作原理是通过激光扫描系统发射激光束，然后被目标物体表面反射，通过高精度激光测距仪测量激光束的往返时间，从而确定目标物体表面各点的三维坐标。在地面三维激光扫描中，为了实现隧道断面的测量，通常采用静态非接触式扫描方式。

具体而言，该扫描方式首先将激光扫描仪安置在选定的控制点上，或者将标靶安置在控制点上以实现定向处理。然后，通过该扫描方式获取整段隧道的点云数据。在扫描过程中，激光扫描系统能够匀速扫描目标物，获取其表面的几何信息。接着，对所得到的点云数据进行拼接、去噪、断面提取等处理，最终得到隧道断面的信息。

静态非接触式扫描方式主要有两种测量方式，一种是将扫描仪安置在控制点上，另一种是将标靶安置在控制点上。前者无须再进行数据配准拼接，但需要增加测站点数量，增加了外业工作量；而后者则能够有效节省外业工作时间。因此，本案例主要采用第二种方式进行测量，即将标靶安置在选定的控制点上，使连续两站有同一标靶作为同名点，然后通过后方交会进行测站点的坐标的计算。

（二）三维激光扫描技术断面测量

基于三维激光扫描技术的断面测量主要分为外业数据采集和内业数据处理两部分。其中，外业数据采集主要包含了外业现场环境踏勘、控制点测量、相关扫描参数设定等内容；内业数据处理主要包含外业采集数据预处理、断面数据生成、成果输出、辅助调线调坡等内容。

1.外业数据采集

外业数据采集的流程如下。首先，对于待测区域的环境进行踏勘，并规划测量路线。其次，在进入作业现场后，对周围环境进行观察，清理扫描范围内的可移动杂物及设备，并清除无关人员。接着，对扫描仪进行整平，新建工程文件夹，并检查配套 U 盘的空间存储状态等情况。在扫描仪前后不超过扫描范围的位置内，摆放不少于 2 个靶球。此外，在扫描的起始测站结束测站每间隔 3~5 站都设置黑白平面标靶，并通过全站仪获取黑白平面标靶中心的坐标。在扫描开始前，完成扫描参数的设置，包括扫描密度及时间等。一般来说，扫描时间设置为每站 3 分钟。随后，启动仪器进行扫描作业，作业人员应移至扫描范围之外。每站结束后，通过设备查看所获取的点云质量、靶球及平面标靶的辨识度等信息，并判断其是否满足相关作业要求。若测量结果不满足要求，则需要进行该站重测或对指定目标进行加密观测。扫描完成后，保持相邻测站连接处的靶球静止，并按上述操作步骤，移动另一端的靶球和扫描仪进入下一站进行断面测量。球形标靶和黑白平面标靶见图 6-1。

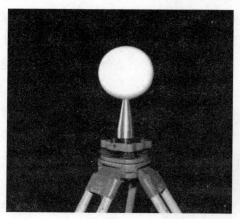

（a）球形标靶　　　　　　　　　　　（b）黑白平面标靶

图 6-1　标靶实物

2.内业数据处理

外业数据采集完成后，应及时进行内业数据处理，便于成果输出和结果分析。内业数据的处理需要使用配套软件辅助进行。本案例采用了 Trimble Real Works 软件进行内业处理。内业处理过程主要包括点云的预处理、断面信息提取等。

（1）点云数据预处理

点云数据预处理是激光扫描后的重要步骤，旨在准确获取地形信息，并为后续的数据分析和建模提供可靠的基础。该过程包括扫描测站配准及坐标转换、点云噪点去除、点云取样和点云输出。

①扫描测站配准及坐标转换

在点云数据的拼接过程中，首先通过公共靶球的高对比度特性进行测站配准和定位。利用 Trimble RealWorks 等软件中的配准功能，结合相邻测站的公共靶球，实现测站影像的配准拼接。完成配准拼接后，将平面标靶中心坐标导入，将所有点云数据统一至绝对坐标系中，确保后续数据处理的准确性和一致性。

②点云噪点去除

采集过程中受到周边环境干扰，点云数据会包含一定的噪点，影响后续数据处理的精度。因此，需要利用软件的分割工具对点云噪点进行标记分类并去除，以获取干净的点云数据作为后续处理的基础数据。通过点云噪点去除，可以提高数据质量和后续分析的准确性。

③点云取样

为了减少点云数据量，提高计算效率，并保持曲面重构的光滑度，需要对原始点云数据进行取样。常用的点云取样方法包括随机取样法、曲率采样法、三维网格法和包围盒法等。本案例采用了随机取样法，通过在软件中配置相关参数，对点云数据进行取样处理，以得到较少数量的特征点，用于后续处理。

④点云输出

经过点云抽稀取样后，将数据输出为 LAS 格式，然后转换成 PCD 格式，以满足后续使用"MTPD 激光点云地铁隧道断面处理系统"的数据处理需求。这样的输出格式能够保留点云数据的几何信息和属性信息，为隧道断面处理系统提供了可靠的基础数据。

（2）断面成果生成

在进行断面信息提取之前，必须先收集隧道的线路曲线要素等数据，并将这些数据输入至"MTPD 激光点云地铁隧道断面处理系统"中。根据设计图，该软件能够自动计算线路中线等相关曲线要素数据。这些数据将为后续自动提取断面位置及获取断面点云切片数据提供设计依据。

①截取断面

断面成果生成的第一步是截取断面。以隧道的曲线参数为依据，在沿线路法线方向按照预设的间距截取断面。这一步骤的目的是从整个隧道点云数据中选取特定位置的点云切片，以便后续的断面拟合。通过截取断面，可以将隧道的立体形态转化为平面信息，为随后的处理提供必要的数据基础（图6-2）。

②断面拟合

根据截取的点云切片进行断面拟合。点云切片数据提取完成后，所得到的是每一个断面的离散点云数据。根据输入的断面位置数据，在软件中对离散数据进行拟合，从而获得各拟合点至线路中线的横距以及隧道顶底高程信息。同时，还能够获取隧道中线的逐桩坐标值。这些数据将对后续的隧道设计和施工提供重要参考。

③断面成果输出

完成隧道断面拟合后，可直接从软件中将断面报表输出。这些报表将包含了每个断面的相关信息，如横距、顶底高程等数据，以及隧道中线的逐桩坐标值。这些数据将为工程设计、施工和监测提供重要的参考，同时为隧道的后续管理和维护提供了依据。

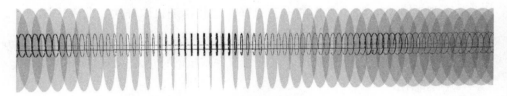

图6-2 提取的点云切片数据

3. 实例分析

本次工程实验针对某地铁线路进行了断面测量，采用了三维激光扫描仪并配备了 Trimble RealWorks 软件，共采集了223个断面数据，并为了验证其质量，随机选取了30个断面进行了全站仪法的复核，复核率为13%。通过对比两种测量方法的部分数据，发现左偏距最大较差为 -31.2 mm，右偏距最大较差为 -33.4 mm，顶高最大较差为 -18.4 mm，底高最大较差为 -11.2 mm。这表明采用三维激光扫描仪采集的断面数据精度符合规范要求。三维激光扫描断面测量与全站仪法测量部分数据对比如表 6-1 所示。

表 6-1　三维激光扫描断面测量与全站仪法测量部分数据对比

里程 /m	左偏距较差 /mm	右偏距较差 /mm	顶高较差 /mm	底高较差 /mm
16 435	-8.1	-31.2	7.3	-4.4
16 564	17.2	-21.0	-18.4	-7.1
16 596	-31.2	-33.0	2.9	3.0
16 612	-8.2	-33.4	8.7	7.4

在成果数据的质量方面，与传统方法相比，三维激光扫描技术具有更大的测量数据量和更全面的断面信息。该技术能够轻松获取任意断面的信息，避免了外业测量工作成果不合格导致的返工问题。针对本次工程实验采集的隧道断面工作量进行分析，发现采用三维激光扫描技术的作业人员只需 2 人，6 个小时就完成了 223 个隧道断面的测量。相比之下，按照传统测量方法的经验估算，需要 4 人共同作业，3 个工作日才能完成相同的工作量。这一对比结果表明，三维激光扫描技术的工作效率显著提升，极大地节约了人力成本。

综上所述，本次工程实验中采用的三维激光扫描技术在隧道断面测量方面取得了显著的成果。其精度符合规范要求，且具有高效、节约人力的优势，为类似工程提供了可靠的技术支持。该技术在地铁隧道工程及其他相关领域的应用前景广阔，有望进一步推动工程测量领域的技术发展和进步。

案例二：人工智能在地质灾害风险评估中的应用

地质灾害的突发性和隐蔽性对人类活动的安全生产构成了严重威胁，有效的监测手段可以大大节省人力和物力。以我国广泛存在的矿区地质条件为背景，本案例概述了遥感技术在测绘工作中的应用和发展。针对矿山灾害的成因、现象以及遥感测绘技术的特点，分析了山体滑坡、岩层沉降、地表裂缝等典型矿山地质灾害的特点。在此基础上，探讨了遥感测绘技术在地质灾害监测和治理方面的应用，并利用露天矿区的遥感图像推测了滑坡、崩塌、泥石流等灾害的分布和规模。进一步讨论了在人工智能时代背景下，遥感测绘技术的发展趋势。

（一）遥感测绘在地质灾害中的应用分析

1. 研究区域

地质灾害是指地质体在自然力或人为因素等驱动作用下发生的地层结构失稳现象，其具有不确定性和无规律性的特点。特别是在我国的矿产资源开采过程中，复杂的地质特征极易引发安全、环境等问题，进而演变为多样的地质灾害。我国的能源结构体系决定了在矿山开采过程中导致的矿山地质灾害成为我国典型地质灾害代表类型。因此，地质环境和地质灾害探测技术在保障我国矿山开采健康发展方面具有关键性作用。

综上所述，研究区域的地质灾害特点主要包括矿山开采引发的复杂地质问题以及由此导致的多样化地质灾害。通过对该区域的遥感图像进行解译，可以有效识别不同类型地质灾害的分布情况，为地质灾害的监测、预警和治理提供科学依据。同时，深入研究地质灾害探测技术，加强地质环境监测，对于保障我国矿山开采的安全和可持续发展具有重要意义。

2. 遥感数据分析

在遥感测绘技术的支持下，对遥感影像进行解译是一个多方面结合的复杂过程。第一，解译过程需要依赖信息数据的获取和分析。遥感影像提供了丰富的信息数据，包括地物的反射率、纹理、形态等特征。通过对这些数据的提取和分析，可以揭示地表的特征和变化，为地质灾害的识别和监测提供重要依据。

第二，解译还涉及人机交互翻译和计算机数据提取。人工解译需要借助专业人员对遥感影像进行观察和分析，以识别其中的地物类型、地貌特征等信息并进行标注和分类。同时，计算机辅助技术可以加速解译过程，通过图像处理算法和模式识别技术，实现对遥感影像中地物的自动识别和提取，提高解译的效率和准确性。

第三，解译过程还需要进行室内综合研究和实地考察。室内综合研究包括对解译结果的进一步分析和整理，结合地质灾害的成因和规律，进行综合评估和预测。同时，实地考察是验证遥感解译结果的重要手段，通过实地调查和采样分析，验证解译结果的准确性，并获取更多的地质信息和数据。

遥感影像的解译需要综合运用信息数据分析、人机交互翻译和计算机数据提取、室内综合研究和实地考察等多种手段和方法，以实现对地质灾害的准确识别和监测。这些工作将为地质灾害防治和管理提供科学支持和决策依据。

（二）人工智能时代遥感测绘技术的发展

遥感测绘技术就是遥感技术在测绘方面的推广和应用。在地质灾害中，考虑到遥感测绘技术具有宏观性强、非接触性强、观测及时性高等特点，可以对地质灾害进行有效调查和数据分析。尤其在人工智能时代，随着遥感测绘技术的不断发展，其在地质灾害监测方面的应用越来越系统。

1.遥感测绘技术在典型地质灾害中的应用

（1）山体滑坡灾害

山体滑坡灾害是指在斜坡上的土体或岩体受到多种因素影响，如河流冲刷、地下水活动、雨水浸泡、地震以及人工切坡等，导致整体或局部土体或岩体沿着软弱面或软弱带向下滑动的自然现象。由于其突发性、危害性和隐蔽性，山体滑坡灾害成为地质灾害预防控制的重要内容之一，尤其是在露天矿采矿过程中，山体滑坡灾害是最常见的灾害类型之一。

遥感测绘技术在山体滑坡灾害监测中发挥着重要作用。通过遥感图像的获取和分析，可以实现对山体滑坡灾害的较全面监测。遥感图像具有高分辨率和覆盖面广的特点，能够快速获取大范围的地表信息，包括地形、植被、水体等，从而为滑坡灾害的识别提供了重要依据。通过分析遥感图像中不同地物的形状、灰度和地表特征的差异，可以有效识别潜在的山体滑坡危险区域，并及时监测山体滑坡灾害的发生过程。

遥感测绘技术还能够结合地理信息系统和全球定位系统等技术，实现对滑坡灾害的空间分布和演化过程的精确定位和跟踪。通过建立滑坡灾害的遥感监测数据库，对历史滑坡事件进行分析，可以为未来的滑坡灾害风险评估和预测提供可靠的数据支持。

（2）岩层塌陷灾害

岩层塌陷灾害是指在矿产资源开采过程中，由于地下井工开采等因素引发的地下岩层崩塌、坍塌现象。随着矿产资源开采规模和力度的增大，岩层塌陷灾害在矿区的频发程度逐渐增加，成为矿区安全的严重隐患之一，对矿产资源的安全生产构成了严重威胁。

在矿山塌陷区域，利用遥感测绘技术可以有效地监测和识别塌陷区域。通过获取高分辨率的遥感图像，可以清晰地观察地表的变化情况，包括塌陷区域的形态、大小和分布等。通过遥感图像中塌陷区域的明暗差异，可以对塌陷区域的塌陷程度和范围进行初步的判断和识别。遥感测绘技术还可以结合地形图、地质图等数据，进一步分析和评估塌陷区域的特征和演化过程，为矿区安全管理提供科学依据。

此外，遥感测绘技术还可以结合其他辅助手段，如地面监测、地下勘探等，对塌陷区域进行全面监测和评估。通过多种数据的综合分析，可以更准确地了解塌陷区域的特征和演化规律，为防范和治理岩层塌陷灾害提供科学支持。

（3）地表裂缝灾害

地表裂缝灾害是指在矿山开采过程中，由于地面的不均匀沉降而导致地表出现裂缝的现象。这些裂缝可能呈现纵横交错的形态，有些甚至可以延伸数千米。严重时，这些裂缝还可能发展成地表沉陷，对矿区的安全构成严重威胁。由于地表裂缝的分布具有规律性和复杂性，传统的监测方法往往需要耗费大量的人力、物力，并且不能保证监测结果的准确性和可靠性。

在这种背景下，遥感测绘技术具有很好的应用前景。遥感测绘技术通过获取高分辨率的遥感图像，可以全面、快速地监测地表裂缝的分布情况。通过对遥感图像中地表特征的分析，可以准确地识别地表裂缝的位置、形态和规模，为地质灾害的监测和预警提供重要依据。

遥感测绘技术的优势在于其全局性监测能力。相较于传统的监测方法，遥感测绘技术可以覆盖更广泛的区域，实现对地表裂缝的快速、全面地监测。同时，遥感测绘技术还可以结合其他辅助手段，如地面监测、地下勘探等，进一步提高地表裂缝监测的准确性和可靠性。

总的来说，遥感测绘技术在地表裂缝灾害的监测和预警中具有重要作用。通过及时准确地获取地表裂缝的信息，可以帮助矿区管理部门及时采取有效的措施，减少灾害造成的损失，维护矿区的安全稳定。

2.基于人工智能技术的遥感图像解译

移动互联技术的迅速发展推动了产业形态的转变和升级，遥感测绘技术也面临着自动化、智能化的迫切需求。在人工智能时代的背景下，遥感测绘技术所处的环境可以被看作一个由物理世界、人类社会和信息空间三个元素构成的动态关系的"三元世界"。在这个背景下，遥感测绘技术面临着挑战，同时迎来了机遇。

人工智能的核心内容是通过一系列的技术手段，使机器具备一定的智能和思维能力。在遥感测绘技术领域，人工智能的应用需要不断完善摄影测量和遥感工作模式，同时加强对时空大数据的认知和推理能力。具体而言，在人工智能时代的背景下，融合了"三元世界"的遥感测绘技术主要包括以下两个方面的内容。

首先，通过数据量测、图像遥感、户外调查等手段，获取外界的物理信息。这些物理信息包括地表覆盖、地形地貌、植被分布等，是遥感图像解译的基础。传统的遥感技术已经可以获取大量的地理信息数据，但是如何高效、准确地解译这些数据成了一个挑战。在人工智能的引领下，可以利用机器学习、深度学习等技术对遥感图像进行自动解译，从而实现对地表特征的快速识别和分类。

其次，利用互联网、移动智能、智能导航等手段，获取人类活动的社会信息。这些社会信息包括人口分布、交通状况、城市发展等，与地理信息数据相结合可以更加全面地理解和分析地表现象。例如，在城市规划和管理中，可以利用人工智能技术对遥感图像和社会信息进行融合分析，实现对城市发展的智能评估和预测。

综上所述，人工智能技术的应用将为遥感测绘技术的发展带来新的机遇和挑战。通过融合物理世界和人类社会的信息，利用人工智能技术实现对时空大数据的认知和推理，可以为遥感测绘技术的自动化、智能化发展提供有力支持，推动遥感技术向着更加高效、准确的方向发展。

第三节 技术创新对岩土工程勘察的影响

一、技术创新对勘察效率与准确性的影响

（一）提高勘察效率

1.智能化勘察设备的应用

随着人工智能技术的不断发展，智能化勘察设备在岩土工程勘察中的应用越来越广泛。这些设备具有自动化、智能化的特点，能够快速获取大量地质信息。例如，智能无人机配备了高分辨率摄像头和激光雷达等传感器，可以对地表进行高精度、高效率的测量和影像采集，减少了传统人工测量的时间和成本。

2.多传感器数据融合技术

利用多传感器数据融合技术，可以将不同传感器获取的数据进行集成和处理，从而提高勘察的效率。例如，结合地面激光扫描技术和地质雷达技术，可以同时获取地下和地表的地质信息，减少了勘察设备的频繁移动和测量时间，提高了勘察的效率。

3.自动化数据处理软件

现代岩土工程勘察中，大量的数据需要进行处理和分析，传统的手工处理方式效率低下。因此，开发并应用自动化数据处理软件对于提高勘察效率至关重要。这些软件可以自动识别、提取和分析勘察数据，快速生成相关报告和分析结果，节省了人力和时间成本。

（二）提高勘察准确性

1.激光扫描技术的高精度应用

激光扫描技术是一种高精度的地形测量技术，能够获取地表和地下结构的精确三维数据。在岩土工程勘察中，激光扫描技术可以实现对地表和地下结构的精确测量，提高了勘察的准确性。例如，利用激光扫描技术可以获取地下洞穴和裂缝的精确位置和形态，为工程设计和施工提供了可靠的数据支持。

2.地质雷达技术的应用

地质雷达技术是一种非破坏性的地下探测技术，能够快速、准确地探测地下结构和岩土体的特征。在岩土工程勘察中，地质雷达技术可以实现对地下岩土体和地下水的准确探测，提高了勘察的准确性。例如，地质雷达技术可以检测地下水位、地下管道和地下空洞等隐患，为工程设计和施工提供了可靠的数据基础。

3.数据验证与精细化调查

技术创新也促进了勘察数据的验证与精细化调查。通过与传统勘察方法相结合，对新技术获取的数据进行验证和校准，可以提高勘察数据的准确性。同时，针对特定工程区域的复杂地质情况，进行精细化调查和分析，有助于发现和解决潜在的问题，提高勘察结果的可信度和可靠性。

二、技术创新对工程实践的推动作用

（一）提高工程安全性

1.地质灾害风险评估模型

技术创新在地质灾害风险评估领域的应用，极大地提高了岩土工程的安全性。通过引入先进的地质灾害评估模型，结合地质勘察数据和监测信息，可以对地质灾害的潜在风险进行准确评估，并提出相应的风险管理措施。例如，基于人工智能和机器学习算法的地质灾害风险评估模型，能够从多个维度对地质灾害进行预测和评估，及时发现潜在的安全隐患，从而减少工程施工和运行中的安全风险。

2.实时监测技术

实时监测技术的发展，使得对工程施工和运行过程中地质环境变化的监测更加及时和全面。例如，地下水位监测系统、地表变形监测系统等实时监测技术的应用，可以对地下水位变化、地表位移等情况进行实时监测，及时发现并响应地质灾害风险，保障工程的安全性。同时，结合无人机和遥感技术，可以对工程周边地质环境进行高效监测，及时发现异常情况，预防潜在的安全风险。

（二）提高工程质量

1. 多传感器数据融合技术

多传感器数据融合技术的应用，为岩土工程的设计和施工提供了更为准确和全面的地质信息支持。通过将不同传感器获取的数据进行融合和分析，可以获得更为全面和精确的地质信息，避免设计和施工过程中的盲区和漏洞。例如，地面激光扫描技术结合地质雷达技术，可以同时获取地表和地下结构的数据，为工程设计提供更为准确的地质信息，提高工程质量。

2. 人工智能在勘察中的应用

人工智能技术的应用，使得岩土工程勘察过程更加智能化和高效化。通过人工智能算法对勘察数据进行分析和处理，可以快速识别地质特征，准确判断地质条件，为工程设计提供准确的数据支持。例如，利用深度学习算法对地质勘察数据进行处理和分析，可以自动识别地层结构、岩性特征等，提高了工程设计的准确性和质量。

（三）降低工程成本

降低工程成本是岩土工程领域中至关重要的一项目标，而智能化勘察设备的应用以及准确的勘察数据在此方面发挥着关键作用。

1. 智能化勘察设备的广泛应用

智能化勘察设备的广泛应用为降低岩土工程勘察成本提供了有效途径。这些设备具备自动化和智能化的特点，能够减少人力资源和时间成本，提高勘察效率。

其中，智能无人机作为一种典型的智能化勘察设备，配备了高分辨率摄像头和激光雷达等传感器，具有灵活机动性和高效率的特点。通过搭载先进的传感器技术，智能无人机能够实现对大范围地质环境的快速勘察。相较于传统的勘察方法，智能无人机能够在短时间内覆盖更广阔的地域，并以高分辨率的图像和激光雷达数据记录地表的地形、植被、地貌等信息。这种高效率的勘察方式大幅缩短了勘察周期，降低了人力和时间成本。

另外，智能化勘察设备还可以实现多传感器数据融合，进一步提高了数据采集的效率和精度。通过将不同传感器获取的数据进行融合，可以更全面地了解地质情况，提高数据的准确性和可靠性。例如，将智能无人机获取的影像数据与地面激光扫描数据相结合，可以同时获得地表和地下结构的信息，为工程设计提供更加全面和准确的地质数据。这种数据融合技术有助于降低勘察成本，并提高工程设计的可靠性，为工程实践提供更可靠的基础。

智能化勘察设备的广泛应用为降低岩土工程勘察成本提供了有力支持。其自动化、智能化的特点以及多传感器数据融合技术的应用，不仅提高了勘察效率，也提高了数据的准确性和可靠性，为岩土工程的设计和施工提供了更为全面和可靠的地质信息，从而降低了工程的总体成本。

2. 准确的勘察数据对降低工程总体投资的作用

准确的勘察数据在降低工程总体投资方面发挥着至关重要的作用。通过采用高精度的激光扫描技术和地质雷达技术获取准确的地质数据，工程团队可以在工程规划和设计阶段就获取可靠的基础信息，从而避免了后期因地质条件不确定性而导致的设计调整和工程改造，降低了工程的总体成本。

高精度的勘察数据提供了地质条件的详尽信息，使工程规划和设计能够更为精确地进行。特别是在复杂地质条件下的工程项目中，准确的地质数据可以帮助工程团队更好地预测潜在风险，减少额外的施工成本和时间成本。例如，在岩土工程中，地质条件的不确定性可能导致地基沉降、地下水涌出等问题，如果事先获得准确的地质数据，工程团队就可以有针对性地采取措施，降低工程风险，避免因地质问题带来的额外成本。

准确的勘察数据还可以帮助工程团队进行资源合理配置，避免浪费。通过提前了解地质条件，工程团队可以对工程材料、设备等资源进行合理规划和利用，避免了后期因为缺乏准确数据而导致的资源浪费，降低了工程的整体成本。

第七章

数据处理与风险评估

第一节　岩土工程数据管理与处理

一、数据收集与整理

（一）确定数据采集范围

在进行岩土工程勘察时，确定数据采集范围至关重要。这涉及对地质、水文和地震等方面的全面调查，为工程设计提供必要的基础数据支持。

1.地质地貌调查

地质地貌调查是岩土工程中不可或缺的一环。它包括对地形起伏、河流分布、地貌特征的详细调查和描述，为工程设计提供了重要的地质基础信息。

（1）地形起伏调查

通过对地表地形的测量和分析，了解地形的起伏变化，包括山地、平原、丘陵等地貌特征，以及可能存在的陡坡、坡度变化等。

（2）河流分布调查

调查河流的分布、长度、宽度、水深等，分析河流的走向、河床形态、流量变化等特征，为引水工程设计和防洪工程规划提供依据。

（3）地貌特征调查

对地表岩石、土壤、植被等进行调查，分析其分布特征、成因及对工程的影响，为地质灾害评估和工程设计提供基础数据。

2.地下水调查

地下水是岩土工程中一个重要的水文条件，其水位、水质、水动力学特征等对工程建设和运营都具有重要影响。

（1）地下水位调查

通过钻孔观测、水文测量等方法，获取地下水位的变化规律，包括季节性变化、地形地貌对地下水位的影响等。

（2）地下水水质调查

采集地下水样品进行水质分析，了解地下水的主要成分、污染物含量等，以评估地下水的适用性和对工程的影响。

（3）地下水水动力学特征调查

对地下水的流动速率、流向、渗透性等水动力学特征进行调查，分析地下水对地下结构和地表工程的影响，为排水设计和基坑工程提供依据。

3.地震活动调查

地震是岩土工程安全的重要考虑因素之一。了解地震频率、地震烈度和地震地质，对工程的设计和防灾减灾具有重要意义。

（1）地震频率调查

通过地震目录、历史地震数据等资料，分析地震频率和活动规律，评估工程所处地区的地震风险程度。

（2）地震烈度调查

对可能发生地震的区域进行烈度调查，了解地震对建筑物和地下结构的破坏性，为工程设计提供地震安全措施建议。

（3）地震地质调查

调查地震造成的地质变形、地裂缝、地震断裂带等地质特征，评估地震对工程地质条件的影响，为工程设计和风险评估提供依据。

（二）选择合适的采集技术

在岩土工程勘察中，选择合适的采集技术至关重要。不同的地质条件和勘察目的需要采用不同的技术手段，以确保数据的准确性和全面性。

1.地质雷达

地质雷达是一种利用电磁波传播原理的非侵入式地质勘探技术，适用于获取地下岩土结构信息。

（1）工作原理：地质雷达工作原理是通过发送高频电磁波，当电磁波遇到不同介质界面时产生反射、折射等现象，通过接收反射波并对其分析来推断地下岩土结构。

（2）适用范围：地质雷达适用于地层界面、洞穴、裂缝等地质特征的探测，可以有效地获取地下介质的边界信息和变化规律。

（3）应用优势：相比传统的钻孔勘探，地质雷达具有非破坏性、快速、高效的特点，可以在较短时间内获取大范围的地质信息，为工程设计提供可靠的数据支持。

2.地球物理勘探

地球物理勘探是利用地球物理学原理对地下岩土进行探测的方法，包括重力、磁力、电阻率等方法。

（1）勘探方法：地球物理勘探包括重力勘探、磁力勘探、电阻率勘探等，通过测量地球物理场的变化来推断地下岩土的物理性质和结构特征。

（2）信息获取：通过地球物理勘探可以获取地下岩土的密度、磁性、电导率等物理性质信息，从而全面了解地质条件的分布和变化。

（3）应用场景：地球物理勘探适用于各种地质条件，尤其适用于大面积地质调查和对地下复杂构造的探测，为工程勘察提供重要的数据支持。

3.遥感技术

遥感技术是利用航空器或卫星等远距离传感器获取地球表面信息的技术，适用于快速获取大范围的地质地貌信息。

（1）数据获取：遥感技术通过获取地表的高分辨率图像，可以快速获取地表地貌、植被覆盖、水体分布等信息。

（2）信息解译：通过对遥感图像的解译和分析，可以获取地表地貌特征、地形起伏、植被类型等信息，为地质条件的分析和评估提供依据。

（3）应用优势：遥感技术具有覆盖范围广、快速、经济的特点，尤其适用于地表特征复杂、地形起伏较大的区域，为岩土工程的勘察提供了重要的辅助手段。

（三）建立数据库

建立数据库是岩土工程数据管理的重要环节，包括地质描述数据、勘探钻孔信息和实验数据等。这些数据对工程设计和分析具有重要的意义。

1.地质描述数据

地质描述数据是对地质情况进行详细描述和记录的数据，包括岩石类型、岩性特征、构造特征等，建立地质数据库有助于为工程设计提供基础数据支持。

（1）岩石类型记录：将采集的岩石样本进行分类和描述，包括岩石名称、颜色、质地、结构、成分等信息，建立岩石类型分类系统，便于后续的地质条件分析和工程设计。

（2）岩性特征描述：对不同岩石的岩性特征进行详细描述，包括岩石的颗粒组成、结构特征、风化程度等，分析岩石的力学性质和稳定性，为工程地质条件评估提供依据。

（3）构造特征记录：记录地质构造的特征，包括断裂、褶皱、地层倾角等信息，分析构造对地质条件的影响，为工程地质风险评估提供数据支持。

2.勘探钻孔信息

勘探钻孔信息记录了地下岩土的详细情况，包括位置、孔深、取样信息等，建立勘探钻孔数据库有助于理解地质层和推算参数。

（1）钻孔位置记录：记录钻孔的具体位置信息，包括经纬度坐标、海拔等，建立钻孔位置分布图，为工程设计提供空间分布信息。

（2）孔深测量记录：对每个钻孔的孔深进行精确测量和记录，包括钻进深度、取样深度等信息，建立钻孔剖面图，了解地下岩土的分层情况。

（3）取样信息记录：记录每个钻孔取样的情况，包括取样位置、取样深度、样品类型等信息，建立取样数据库，为实验数据的获取和分析提供依据。

3.实验数据

实验数据是对岩土工程样品进行实验测试后得到的数据，包括岩石力学性质、土壤力学性质、地下水水质分析等，建立实验数据库有助于工程设计和分析。

（1）岩石力学性质数据：记录岩石样品进行的力学性质测试结果，包括抗压强度、抗拉强度、抗剪强度等指标，为岩土工程设计提供岩石力学参数。

（2）土壤力学性质数据：记录土壤样品进行的力学性质测试结果，包括压缩性、抗剪强度、液限、塑限等指标，为地基设计和土力学分析提供土壤参数。

（3）地下水水质分析数据：记录地下水样品进行的水质分析结果，包括pH、溶解物含量、重金属含量等指标，评估地下水对工程的影响和风险。

二、数据质量评估与处理

（一）质量评估标准制定

岩土工程数据的质量评估是确保工程设计和施工质量的关键步骤之一。为此，需要建立科学合理的评估标准和流程，以保证数据的可靠性和准确性。

1. 确定评估指标

在建立岩土工程数据质量评估的指标体系时，需要综合考虑数据的特点和应用要求，确保评估指标全面、科学。主要指标如下：

（1）数据准确性：评估数据与真实情况的一致程度，包括岩土性质、地下水位等数据的准确性。

（2）数据完整性：评估数据的完整程度，包括数据的缺失情况和遗漏程度。

（3）数据一致性：评估数据在不同来源和不同时间点之间的一致性，避免数据之间的矛盾和冲突。

（4）数据时效性：评估数据的更新频率和时效性，确保数据能够反映当前的地质情况和工程需求。

2. 制定评估标准

针对上述评估指标，需要制定相应的评估标准，以保证评估的科学性和客观性。

（1）数据准确性标准：规定数据误差范围和精度要求，确保数据与实际情况相符合。

（2）数据完整性标准：规定数据收集的全面性和完整性要求，防止数据遗漏和缺失。

（3）数据一致性标准：规定数据在不同来源和不同时间点之间的一致性要求，确保数据的一致性和可比性。

（4）数据时效性标准：规定数据更新的频率和时效性要求，确保数据能够及时反映地质变化和工程需求。

3. 建立评估流程

建立岩土工程数据质量评估的具体流程和步骤，以确保评估工作的有序进行，主要包括以下内容：

（1）确定评估对象：明确评估的数据类型和范围，包括地质描述数据、勘探钻孔信息、实验数据等。

（2）选择评估方法：根据评估对象的特点和评估指标，选择合适的评估方法和工具，如统计分析、数据比对等。

（3）制订评估计划：制订具体的评估计划和时间安排，明确评估的步骤和责任人，确保评估工作的顺利进行。

（4）实施评估和监控：按照评估计划和方法进行评估工作，定期监控评估过程，及时发现和解决问题。

（5）结果反馈和改进：根据评估结果对数据质量进行反馈和改进，优化评估标准和流程，提高数据质量和管理水平。

（二）数据清洗与筛选

数据清洗与筛选是岩土工程数据处理的重要环节，通过识别和处理异常值、错误数据和缺失数据，保证数据的质量和可靠性。

1.异常值检测

异常值检测是通过统计学方法和专业经验，识别数据中的异常值，为后续的数据清洗和处理提供依据。

（1）统计学方法：利用统计学的方法，如箱线图、正态分布检验等，对数据进行分析和比较，识别超出正常范围的异常值。

（2）专业经验：结合岩土工程领域的专业经验，对数据进行合理的判断和评估，识别可能存在问题的数据点，如超出地质特征范围的异常值。

2.错误数据剔除

错误数据剔除是对经过异常值检测的数据进一步筛选，剔除错误数据和重复数据，以确保数据的准确性和唯一性。

（1）数据比对：对采集的数据进行比对和验证，发现重复和矛盾的数据，进行错误数据的剔除和修正。

（2）逻辑验证：根据岩土工程的逻辑关系和规律，对数据进行逻辑验证，发现不符合规定的数据应进行剔除。

3.缺失数据填补

缺失数据填补是对存在缺失值的数据进行处理，采用插值法、均值法等方法填补缺失数据，保证数据的完整性和连续性。

（1）插值法：根据已有数据的空间分布和相关性，利用插值法预测缺失数据的值，如克里金插值法、样条插值法等。

（2）均值法：对缺失数据所在的变量进行统计，计算该变量的均值或中位数，用于填补缺失数据。

（三）数据标准化

数据标准化是岩土工程数据处理的重要环节，通过统一数据格式、建立归档管理系统和构建元数据体系，提高数据的可比性、管理性和可用性。

1.数据格式统一

数据格式统一是指对不同来源、不同格式的数据进行统一处理，包括单位统一、命名规范化等，以提高数据的可比性和可管理性。

（1）单位统一：将数据中的单位统一转换为统一的标准单位，避免不同单位之间的混淆和误解，确保数据的一致性和准确性。

（2）命名规范化：对数据的命名规则进行规范化处理，统一命名格式和规范，提高数据的识别和查找效率。

2.建立归档管理系统

数据归档管理是建立数据归档管理系统，对清洗和标准化后的数据进行分类存储和管理，确保数据的安全性和易用性。

（1）建立归档系统：建立数据归档系统，包括数据存储结构、目录分类等，将数据按照类型、来源、时间等进行分类存储，方便数据的管理和检索。

（2）分类存储：对清洗和标准化后的数据进行分类存储，如地质描述数据、勘探钻孔信息、实验数据等，便于不同类型数据的管理和利用。

3.构建元数据体系

元数据是描述数据的数据，建立元数据体系可以提供数据的描述、来源、更新时间等信息，为数据的有效利用和共享提供支持。

（1）数据描述：对数据的基本信息进行描述，包括数据内容、数据格式、数据范围等，帮助用户了解数据的特点和用途。

（2）数据来源：记录数据的来源信息，包括数据采集人员、采集时间、采集地点等，追溯数据的来源和质量。

（3）数据更新时间：记录数据的更新时间和版本信息，及时更新数据，保证数据的时效性和准确性。

第二节　复杂地质条件下的岩土工程风险评估

一、风险源识别与评估

（一）地质风险源分析

地质风险源分析旨在识别可能存在的地质风险，并评估其对工程安全的影响程度。

1.岩层稳定性分析

岩层稳定性受多种因素的影响，包括地质构造、岩石性质、地下水等。通过对这些因素的分析，可以评估岩层的稳定性，并预测可能发生的岩层不稳定事件。

（1）地质构造分析

地质构造是岩层稳定性的重要影响因素之一。不同地质构造对岩层的稳定性有着不同的影响。例如，构造活动频繁的地区可能存在较大的地震风险，从而增加了岩层不稳定的可能性。

（2）岩石类型分析

岩石类型是影响岩层稳定性的关键因素之一。不同类型的岩石具有不同的物理和力学性质，对外力的承载能力和变形特性也不同。例如，页岩易于分层剥离，对岩层的稳定性具有较大影响。

（3）地下水分析

地下水的存在和变化对岩层稳定性也具有重要影响。地下水的渗流作用可能导致岩石的溶解和侵蚀，从而降低岩层的稳定性。此外，地下水的排泄和充注也可能引起岩层的应力变化，增加岩层不稳定的风险。

通过综合分析地质构造、岩石类型和地下水等因素，可以全面评估岩层的稳定性，并制定相应的工程措施和风险管理方案。

2.地质构造分析

地质构造的复杂性直接影响着岩层的稳定性和工程的安全性。对地质构造的分析可以帮助工程师更好地理解地下岩石的分布、结构和变形特征，为工程设计和施工提供重要参考。

（1）构造类型分析

地质构造可以分为褶皱构造、断裂构造、断褶构造等多种类型。不同类型的构造对岩层的稳定性有着不同的影响。例如，断裂构造可能导致岩层的破裂和位移，增加工程的施工难度和风险。

（2）构造活动性分析

构造活动性是评估地质构造对工程安全影响的重要指标之一。活跃的构造可能会导致地震、地面沉降等地质灾害，从而增加了工程施工和运营的风险。

（3）构造变形特征分析

地质构造的变形特征对工程的稳定性有着直接影响。通过对构造的变形特征进行分析，可以评估构造对岩层稳定性的影响程度。例如，构造的挤压作用可能导致岩层的变形和位移，增加了地质灾害的风险。

地质构造分析的结果可以为工程设计和施工提供重要的参考，帮助工程师更好地理解地下岩石的分布和特征，从而制订科学合理的施工方案。

3.断裂分布分析

地质断裂是地球表面岩石断裂形成的构造裂缝。断裂分布的不均匀性和活动性可能导致地质灾害的发生，对工程施工和运营产生重大影响。因此，对断裂分布进行详细分析至关重要。

（1）断裂类型分析

断裂可分为走滑断裂、逆冲断裂等多种类型。不同类型的断裂对工程的影响程度不同。例如，逆冲断裂可能导致地层的隆起和变形，增加了工程的施工难度和风险。

（2）断裂活动性分析

断裂的活动性是评估其对工程安全影响的重要指标之一。活跃的断裂可能会导致地震、地面沉降等地质灾害，从而增加了工程施工和运营的风险。

（二）地质灾害风险评估

地质灾害风险评估旨在定量评估地质灾害（如滑坡、泥石流）可能对工程造成的损失和影响范围。

1.滑坡风险评估

滑坡是一种常见的地质灾害，在复杂地质条件下尤为突出。

（1）地形与地质构造分析

通过对工程周边地形和地质构造的分析，确定潜在滑坡发生区域。地形因素（如地势陡缓、坡度等）会影响滑坡的发生概率，而地质构造（如断裂带、岩性）的差异会影响滑坡的规模和活动性。

（2）降雨情况分析

降雨是引发滑坡的主要因素之一。分析历史降雨数据、降雨强度和频率，以及可能引发滑坡的降雨量阈值，从而评估滑坡发生的概率和可能性。

（3）数值模拟方法应用

利用数值模拟方法，如基于物理原理的数学模型或概率模型，对滑坡发生的概率和可能规模进行预测。通过模拟不同降雨条件下的滑坡过程，确定其对工程的潜在影响，包括影响范围、深度和速度等。

2.泥石流风险评估

泥石流是山区地质灾害中较为严重的一种，对工程造成的影响可能十分严重。

（1）降雨量分析

降雨是泥石流发生的主要诱因之一。分析历史降雨数据、降雨强度和频率，以及可能引发泥石流的降雨阈值，从而评估泥石流发生的可能性和潜在影响。

（2）地形地貌和土壤类型分析

地形地貌和土壤类型对泥石流的发生和发展具有重要影响。陡峭的山地地形和易于侵蚀的土壤类型更容易形成泥石流。通过对地形地貌和土壤类型的分析，可确定潜在的泥石流发生区域和危险性。

（3）数值模拟方法应用

利用数值模拟方法，如流域水文模型和泥石流模型，模拟泥石流的流动路径、速度和深度等关键参数。通过模拟不同降雨条件下的泥石流过程，评估其对工程的可能影响，确定工程受泥石流影响的程度。

（三）地震风险评估

地震风险评估是为了评估地震对工程的破坏性，并采用地震学原理和工程地震学方法进行分析。通过分析地震烈度、地震动参数等地震特征，可以评估地震对工程的可能影响，并据此确定工程的抗震设计要求。

地震是由地壳中岩石发生破裂和位移所引起的地震波传播现象。地震波的传播路径和能量释放程度是影响地震破坏性的重要因素之一。地震破坏性的评估需要首先对地震烈度进行分析。地震烈度是衡量地震强度大小的指标，通常采用烈度等级进行描述，如中国地震局的烈度等级。通过对地震烈度的评估，可以初步了解地震可能对工程造成的影响程度。

除了地震烈度外，地震动参数也是评估地震风险的重要指标。地震动参数包括峰值加速度、周期、频率等。这些参数反映了地震波在地面上产生的振动情况。工程结构的抗震设计往往是基于地震动参数进行的。通过分析地震动参数，可以评估地震对工程结构的振动烈度，从而确定工程的抗震设计要求。不同类型的工程结构对地振动的响应也各不相同，因此需要根据具体工程的结构特点进行评估和分析。

在进行地震风险评估时，还需要考虑地震的频率和概率等因素。地震的频率与工程所处地区的地震活动性相关，而地震的概率则涉及地震发生的可能性。通过分析地震的频率和概率，可以更准确地评估地震对工程的可能影响，并为工程的抗震设计提供科学依据。

二、风险分析与建模

（一）风险概率分析

风险概率分析是一种重要的统计学方法，旨在对地质风险事件的发生概率进行定量分析，从而确定不同风险等级的可能性。通过历史数据和统计模型，可以对地质灾害（如滑坡、泥石流）等风险事件的发生概率进行科学评估，为风险管理和决策提供重要参考。

1. 概率分布分析

概率分布分析是风险概率分析的核心内容之一，它通过对地质风险事件的历史数据进行统计，分析其发生的概率分布特征。常用的概率分布包括正态分布、泊松分布、指数分布等。通过拟合这些概率分布模型到实际数据中，可以得到地质风险事件发生的概率分布曲线，从而确定不同风险等级的可能性。例如，可以利用正态分布模型对滑坡发生的概率进行分析，进而确定不同等级滑坡发生的概率。

2.频率分析

频率分析是另一种常用的风险概率分析方法，它通过对历史事件发生的频率进行统计分析，推断未来事件发生的可能性。通过计算地质风险事件的频率，可以评估其发生的概率，并确定不同风险等级的可能性。例如，可以利用历史记录的泥石流事件发生频率，结合地质条件和气候变化等因素，推断未来泥石流事件发生的概率，从而确定不同等级泥石流风险的可能性。

通过概率分布分析和频率分析，可以全面评估地质风险事件的发生概率，为风险管理和决策提供科学依据。这些方法不仅可以帮助工程师更好地理解地质风险，还可以指导工程设计和施工过程中的风险控制措施的制定和实施，从而确保工程的安全性和可靠性。

（二）风险影响分析

风险影响分析旨在全面评估地质风险事件对工程可能造成的影响，包括直接损失和间接影响，并通过量化评估方法对其经济和社会影响进行分析。

1.直接损失评估

直接损失评估是对地质风险事件可能导致的直接损失进行分析和评估的过程。这些直接损失通常包括工程设施的损坏、人员伤亡等。

（1）工程设施损坏评估

分析地质风险事件可能对工程设施造成的损坏程度和范围。通过考虑工程设施的结构强度、地质条件和风险事件的特点，评估工程设施受损情况，包括建筑物倒塌、道路毁坏等。

（2）人员伤亡评估

评估地质风险事件可能导致的人员伤亡情况。通过分析风险事件发生时的人员密集程度、疏散条件等因素，估算可能造成的人员伤亡数量，并考虑伤亡程度的不同，如轻伤、重伤和死亡等。

（3）损失评估模型应用

借助损失评估模型，对直接损失进行量化评估。这些模型可以基于历史数据、工程参数和经济因素来计算直接损失的具体数值，为后续风险管理和应对措施的制定提供依据。

2.间接影响评估

间接影响评估是对地质风险事件可能引起的间接影响进行分析和评估的过程。这些间接影响通常包括工程延期和生产中断、环境破坏等。

（1）工程延期和生产中断评估

分析地质风险事件可能导致的工程延期和生产中断情况。考虑风险事件对工程施工进度和生产活动的影响，评估可能造成的时间和成本损失。

（2）环境破坏评估

评估地质风险事件可能对周边环境造成的破坏程度。考虑风险事件可能引起的土壤侵蚀、水质污染等环境问题，分析可能产生的社会和生态影响。

采用综合评估方法，对间接影响进行定量分析。综合考虑经济、社会和环境因素，评估间接影响的严重程度和潜在影响范围，为风险管理决策提供科学依据。

通过对直接损失和间接影响的评估，可以全面了解地质风险事件可能对工程造成的影响，并采取相应的风险管理措施，以最大程度地减少风险带来的损失和影响。

（三）风险建模与模拟

风险建模与模拟是评估地质风险对工程安全影响的重要方法之一，通过建立地质风险模型和应用数值模拟方法，对不同风险情景进行模拟，以评估其对工程安全的影响程度。

1.建立地质风险模型

地质风险模型的建立是风险建模与模拟的基础，需要综合考虑地质条件、工程特点和风险事件的影响因素。

（1）建立地质灾害模型

建立地质灾害模型，包括滑坡、泥石流等地质灾害模型。通过分析地形地貌、地质构造、降雨情况等，确定地质灾害模型的输入参数和计算方法，为后续数值模拟提供基础。

（2）建立地震模型

建立地震模型，包括地震动模型和地震烈度模型。通过分析地震活动性、地质构造、工程结构等因素，确定地震模型的输入参数和计算方法，为评估地震对工程的影响提供基础。

2. 应用数值模拟方法

数值模拟方法是评估地质风险影响的有效手段，常用的方法包括有限元法、格点模拟法等。

（1）有限元法

利用有限元法对地质风险情景进行模拟。通过建立地质灾害或地震的有限元模型，考虑地质参数、工程结构等因素，模拟地质灾害或地震事件的发生过程和影响范围，评估其对工程安全的影响程度。

（2）格点模拟法

应用格点模拟法对地质风险情景进行模拟。通过在地理信息系统平台上建立地质风险模型，考虑地形地貌、降雨情况等因素，模拟地质灾害事件的可能发生情景，并评估其对工程的影响程度。

通过建立地质风险模型和应用数值模拟方法，可以模拟不同地质风险情景下的工程安全状况，并为工程设计、施工和风险管控提供科学依据。这些模拟结果可以帮助工程师更好地了解潜在的地质风险，从而采取有效措施减轻风险对工程造成的影响。

第三节　数据模型与风险应对策略

一、针对性应对策略

（一）预防控制措施

预防控制措施旨在通过预防性的措施，降低地质风险事件的发生概率或减轻其可能造成的影响。这些措施通常涉及工程结构、施工工艺和环境管理等方面。

1. 加固工程结构

加固工程结构是为了增强工程的抗震能力和稳定性，降低地质灾害对工程造成的影响。

（1）耐震设计

在设计和施工阶段，采用更加耐震的工程结构设计。这可能包括增加抗震构件、采用柔性连接等方式，以提高工程的抗震能力。

（2）特殊加固设计

对于位于地质灾害易发区域的工程，进行特殊加固设计。采取防护措施，如设置挡土墙、加强基础等，以增强工程的稳定性和安全性。

2. 改善排水系统

改善排水系统是为了防止地下水涌入或积聚，减少地质灾害的发生可能性。

（1）合理设计排水系统

在工程设计中，充分考虑地下水情况和地质构造，设计合理的排水系统。这有助于防止地下水涌入或积聚，减少地质灾害的发生可能性。

（2）针对泥石流的措施

对于易发生泥石流的地区，采取加强排水沟、设置拦砂坝等措施。这些措施有助于加强对泥石流的控制和引导，减轻泥石流对工程的影响。

3. 控制施工过程中的地质变形

在施工过程中，控制地质变形是减少地质灾害发生的关键措施之一。

（1）充分的地质勘察和风险评估

在施工前进行充分的地质勘察和风险评估，以了解地质情况和潜在风险。这有助于采取相应的施工措施，减少地质灾害的发生可能性。

（2）采取施工措施

根据地质勘察和风险评估结果，采取相应的施工措施。例如，加固地基、控制挖掘坡度等，以减少地质灾害的发生。

（二）应急处置措施

应急处置措施是在地质风险事件发生后，及时有效地采取措施，减轻灾害造成的损失和影响，保障工程和人员的安全。

1.建立应急响应机制

建立健全的应急响应机制和指挥体系是应对地质灾害的关键措施之一。

（1）明确指挥体系

确立应急响应的指挥体系，明确各级责任部门和人员的职责和任务，从而能够在地质灾害发生时迅速、有序地进行应急处置。

（2）制订应急预案

制订详细的地质灾害应急预案，包括灾害发生后的应急处置程序、资源调配方案等内容，以应对不同类型的地质灾害。

2.培训应急人员

培训应急人员是提高应急处置能力和应变能力的关键举措。

（1）定期演练和培训

定期开展地质灾害应急演练和培训，模拟地质灾害事件的发生，提高工程人员的应急处置技能和应变能力，使其能够在灾害发生时迅速采取有效措施。

（2）加强宣传和培训

加强地质灾害防治知识的宣传和培训，提高工程人员对地质灾害的认识和应对能力，增强应急处置的科学性和针对性。

3.备有应急物资

备有充足的应急物资是保障应急处置工作顺利开展的重要保障措施。

（1）救援装备储备

为了应对各类地质灾害事件，需要建立完善的救援装备储备制度。这包括但不限于：

①应急通讯设备包括便携式对讲机、卫星电话、应急通信设备等，以确保救援人员之间和与指挥中心的通信畅通，以及时传递信息，协调救援行动。

②抢险器械包括铁锹、钢镐、手电筒、绳索等常用的抢险工具，以及电钻、搜救器等救援设备，以提高救援效率和成功率。

③医疗救护器材包括急救箱、担架、止血带、输液器等，以及呼吸机、除颤器等医疗设备，以满足不同程度伤员的救治需求。

（2）医疗物资准备

充足的医疗物资是保障伤员及时得到救治的基础。应急医疗物资的准备包括但不限于：

①急救药品：如止痛药、消炎药、外伤用药等常用急救药品，以应对不同类型的伤情。

②消毒用品：如酒精、碘酊、医用棉球等，用于伤口消毒和救治过程中的卫生处理。

③医疗器械：如手术器械、医用敷料、注射器等，以满足医疗救护的基本需求。

（3）食品和饮用水供应

建立稳定可靠的食品和饮用水应急供应机制是保障应急人员生存的重要保障。具体措施包括：

①干粮和方便食品：如压缩饼干、方便面等，易于保存和携带，能够满足应急人员的基本能量需求。

②饮用水储备：储备足够的饮用水，可以是桶装水、瓶装水等，确保应急人员在现场有足够的饮用水来源。

二、多层次管理措施

多层次管理措施是建立完善的风险管理体系，包括技术措施和管理措施等，以全面提高工程对地质风险的抵御能力。

（一）技术措施

技术措施是通过采用先进的技术手段，对地质条件进行详细分析和监测，以及时发现潜在风险隐患，并采取相应的技术措施进行治理和修复。

1.遥感技术应用

利用遥感技术获取地表和地下的高分辨率图像数据，对地质构造、地形地貌等进行详细分析，以及时发现地质隐患，为工程风险的预防提供科学依据。

2.地球物理勘探技术

采用地球物理勘探技术，如地震勘探、电阻率勘探等，对地下岩土结构和地质特征进行探测，识别地质隐患，为工程设计和施工提供技术支持和保障。

（二）管理措施

管理措施是确保工程施工和运行过程中地质风险得到有效控制和管理的重要手段。通过建立健全的管理制度和流程，加强对施工过程的监管和风险评估，可以降低地质风险事件发生的可能性，保障工程的安全运行。

1. 加强施工监管

建立专门的施工监管机构或委托专业机构负责施工监管工作，可以有效加强对施工过程中地质风险因素的监测和控制。这包括：

（1）专业监管人员：聘请具备地质工程背景和丰富经验的专业人员负责施工监管工作，确保对地质风险的准确识别和及时应对。

（2）监测设备的应用：利用先进的监测设备，如地压监测仪、变形监测仪等，对施工现场的地质环境进行实时监测，及时发现潜在风险隐患。

2. 定期检查评估

建立定期检查和评估机制，对工程施工和运行过程中的地质风险进行定期检查和评估，可以及时发现问题并采取相应措施加以解决。具体包括：

（1）定期检查：每隔一定周期对工程施工现场进行检查，确认施工过程中的地质风险控制措施是否有效实施。

（2）风险评估：对施工现场可能存在的地质风险进行评估，量化风险程度，为后续应对措施的制定提供依据。

3. 建立风险信息共享平台

建立风险信息共享平台，整合各方的地质风险信息资源，可以实现信息的及时共享和交流，提高风险应对的效率和科学性。具体措施包括：

（1）信息收集与整合：收集各方提供的地质风险信息，包括监测数据、专家意见、相关报告等，进行整合和归档。

（2）共享与交流：建立信息共享平台，为各相关单位提供数据共享和交流的平台，促进风险信息的及时传递和应对措施的协调实施。

三、持续优化与改进

持续优化与改进是保障工程安全稳定运行的重要手段，需要不断监测和评估工程运行过程中的风险情况，及时调整和优化风险应对策略。

（一）持续监测和评估

建立健全的监测体系对工程运行过程中的地质风险进行持续监测和评估至关重要。通过监测设备的设置、数据收集与分析等措施，可以及时发现地质风险，采取相应的措施加以应对，保障工程的安全运行。

1. 地质监测设备的设置

地质监测设备的设置是持续监测和评估地质风险的基础，需要针对工程特点和可能存在的风险因素，布设相应的地质监测设备，包括：

（1）地震监测仪：用于实时监测地震活动情况，及时发现地震风险。

（2）变形监测仪：用于监测地表或工程结构的变形情况，可以发现地质构造变化、地层位移等异常情况。

这些监测设备应根据工程的具体情况进行合理布设并覆盖关键区域，确保对地质风险的全面监测。

2. 数据收集与分析

持续监测和评估需要对监测数据进行定期收集和分析，及时发现异常情况和潜在风险，为后续的应对措施提供依据。具体包括：

（1）数据收集：定期收集监测设备产生的数据，包括地震数据、变形数据等，应建立数据库进行存储。

（2）数据分析：利用统计学方法和专业分析工具，对监测数据进行分析和处理，识别异常情况和趋势变化，评估地质风险的程度。

监测数据的分析结果应及时向相关部门报告，并根据分析结果制定相应的风险应对策略，以确保工程安全运行。

（二）应对策略调整

根据监测和评估结果，及时调整和优化风险应对策略是确保工程安全的关键步骤。这包括对灵活应变和技术更新两个方面。

1. 灵活应变

灵活应变是根据监测数据和评估结果，及时调整风险应对策略，以应对新出现的风险。具体包括以下方面：

（1）监测数据分析：对监测数据进行定期分析，发现潜在的风险信号和异常情况。

（2）评估结果反馈：将监测数据和评估结果反馈给相关部门和人员，形成共识，为应对策略调整提供依据。

（3）应对措施调整：根据监测数据和评估结果，及时调整应对措施，采取灵活、针对性的措施，以应对新出现的风险。

2.技术更新

技术更新是确保应对措施的高效性和实用性的重要手段，随着科技的进步，需要不断更新和优化应对技术手段。具体包括以下方面：

（1）科技应用：积极应用最新的科技手段，如人工智能、大数据分析等，提高地质风险监测和评估的精准度和效率。

（2）技术研发：加强科技研发，开发新型监测设备和评估方法，满足不断变化的工程安全需求。

（3）应对策略优化：根据新技术的应用和研发成果，及时优化风险应对策略，提高应对效果和工程安全水平。

通过灵活应变和技术更新，可以不断提升地质风险管理的水平和效率，确保工程安全稳定运行，降低地质灾害对工程造成的风险和损失。

（三）经验总结和借鉴

定期对工程风险管理工作进行经验总结和借鉴，可以有效提升应对能力和工作效率。这包括：

1.成功经验的总结

在工程风险管理的实践中总结的成功经验和行之有效的做法共同建立了标准化的操作流程，为未来的工作提供了重要参考。首先，一个成功的风险管理工作需要建立全面的风险识别机制。这包括对可能存在的各种地质风险源进行系统分析和评估，确保对潜在风险的充分了解。其次，建立健全的监测和评估体系是至关重要的。通过布设地质监测设备、定期收集和分析监测数据，能够及时发现地质风险的变化趋势和异常情况，为风险应对提供科学依据。再次，针对性的风险应对策略是成功的关键。根据风险评估结果，制定具体的应对措施，并灵活调整和优化策略，以适应不断变化的风险情况。此外，及时有效地应急处置是保障工程安全的重要保障。建立健全的应急响应机制、培训应急人员、备有应急物资等措施，能够最大程度地减轻地质灾害带来的损失。最后，持续地优化与改进是保障工程安全稳定运行的关键。通过持续监测和评估、灵活调整应对策略、不断引入新技术和方法，能够不断提升工程对地质风险的抵御能力和应对水平。

2. 教训的吸取

借鉴工程风险管理中的失败案例和教训是提升工程管理水平和规避潜在风险的重要途径。从失败案例中吸取教训，能够识别问题的根源，并提出改进措施，以避免类似问题再次发生。

一个常见的教训是缺乏全面的风险识别和评估机制。在某些案例中，由于对地质风险的认识不足或风险识别工作不够细致，导致在工程实施过程中出现了严重的地质灾害，造成了巨大的经济损失和人员伤亡。这提醒我们，在工程规划和设计阶段就应该充分考虑地质风险因素，建立全面的风险识别机制，确保对潜在风险的全面了解和准确评估。

另一个教训是缺乏及时有效的应急处置措施。一些失败案例表明，即使在面临地质灾害风险时，有些工程项目也缺乏足够的应急响应措施，导致对灾害的处置不及时或不得力，进而加剧了灾害造成的影响和损失。因此，我们需要建立健全的应急响应机制，包括明确的应急预案、培训有关人员、储备应急物资等，以应对突发的地质风险事件，最大限度地减少损失。

缺乏持续的监测和评估机制也是一些失败案例的教训。一旦工程项目启动，就需要建立起健全的监测体系，对工程运行过程中的地质风险进行持续监测和评估。一些案例表明，由于缺乏及时的监测和评估，对地质风险的变化没有及时发现和处理，导致了灾害事故的发生。因此，我们需要建立完善的监测和评估机制，及时发现和解决存在的问题，避免潜在风险转化为实际风险。

第八章

岩土工程勘察报告的编制与实际应用

第一节 勘察报告的结构与内容

一、勘察报告编制原则与要求

岩土工程勘察报告是对工程所在地区地质、水文、气象等自然条件进行系统调查和研究的结果。编制岩土工程勘察报告应遵循以下原则与要求：

（一）客观真实性

1.数据来源可靠性

勘察报告中所提供的数据应当来源于可靠的信息渠道和准确的测量结果，不应夸大其词或虚构内容。勘察人员应当确保所提交的数据客观真实，基于实地勘察和科学分析。

2.避免主观偏见

在报告编制过程中，应当避免受到个人主观偏见或外界因素的影响，保持客观公正的态度。报告中的结论和建议应当基于客观数据和科学分析，而非个人主观偏见。

3.严守职业道德

勘察人员在编制报告时必须严守专业道德，不得随意篡改数据或夸大调查结果。只有通过严谨勘察和科学分析，才能确保报告的客观真实性和可靠性。

（二）科学严谨性

1.基于科学方法

勘察报告的编制应基于科学理论和方法，采用科学严谨的分析手段进行。数据的收集、处理和分析应当符合科学原理和规范要求，确保结论的准确性和可信度。

2.采用合适技术手段

在勘察过程中，应当选择适当的技术手段进行数据采集和分析。同时，应当遵循相关技术规范和标准，确保数据的科学性和准确性。

3. 避免主观推断

报告中的结论和建议应当基于客观数据和科学分析，避免主观推断。只有通过科学严谨地分析，才能提供符合工程实际的建议和措施。

（三）系统完整性

1. 全面调查和研究

勘察报告应该对勘察地区的地质、水文、气象等自然条件进行全面调查和研究，确保内容全面、无遗漏。对可能影响工程安全和稳定性的因素进行全面评估和分析。

2. 合理的结构和层次

报告的结构应该合理，各个章节之间应有明确的逻辑顺序和衔接。层次清晰的报告结构有助于读者理解报告内容，做出正确决策。

（四）规范标准性

在报告编制过程中，应当遵循国家或地方相关的规范和标准，对勘察过程、数据处理和报告撰写等方面进行规范化和标准化处理。只有符合规范要求的报告才能得到相关单位的认可，确保工程的质量和安全。

（五）适用性和可操作性

1. 清晰明了的内容

报告应当清晰明了，内容准确、具体，建议和措施具有操作性。只有具备这些特点的报告才能为工程设计和施工提供有益指导。

2. 结合实际情况

报告中的建议和措施应当结合实际情况，考虑工程的特点和需求，为工程设计和施工提供切实可行的方案。

二、勘察报告的结构

岩土工程勘察报告的结构通常包括以下几个部分：

（一）前言

在岩土工程勘察报告中，前言部分通常用于简要介绍勘察的目的、范围、依据、委托单位和编制单位等基本信息。这一部分的目的是为读者提供报告的基本背景和相关信息，使其对报告内容有一个初步的了解和认识。

（二）概述

概述部分对勘察地区的地理、地质、水文等基本情况进行概述，提供了勘察的背景资料。这包括地质构造特征、地形地貌特征、岩性分布、地层序列、地下水情况等内容。概述部分为后续报告内容提供了重要的背景信息，有助于读者更好地理解报告内容。

（三）勘察内容与方法

勘察内容与方法部分详细描述了勘察的内容、方法、技术路线、仪器设备和实验室分析方法等。这包括对勘察范围内地质条件、地下水情况、地形地貌等方面进行的调查和研究内容，以及采用的调查方法、实验方法和仪器设备等。这一部分为读者提供了对勘察过程的全面了解，有助于评估报告的可信度和可靠性。

（四）资料分析与评价

资料分析与评价部分对勘察获取的各类资料进行分析和评价，包括地质构造、岩性特征、地层分布、地下水情况等。这一部分通过对勘察资料的科学分析，为后续的工程地质条件评价和工程设计提供了重要的依据。

（五）工程地质条件评价

在工程地质条件评价部分，根据勘察结果，对工程地质条件和地质灾害风险进行评价，并提出相应的建议和措施。这一部分是报告的核心内容之一，直接关系工程的安全性和稳定性。

（六）勘察结论与建议

勘察结论与建议部分对勘察结果进行综合分析和总结，提出了工程设计和施工的建议和意见。这一部分是报告的总结性内容，是对全文的概括和提炼，为工程后续的设计和施工提供了指导性建议。

（七）附录

附录部分包括了勘察中涉及的各类数据资料、实验分析结果等。这些资料在报告的正文中可能无法完全展示，但对于读者进一步了解勘察过程和结果具有重要意义。

三、勘察报告内容的详细说明

（一）地质环境分析

地质环境分析部分详细描述了勘察地区的地质构造、地层分布、岩性特征等地质情况，并分析地质环境对工程的影响。这包括了对地质构造类型（如褶皱、断裂等）、地层厚度与分布、岩石类型与性质（如岩性、岩石强度等）等方面的描述和分析。通过对地质环境的分析，可以评估地基稳定性、地下水运动规律、地质灾害的发生可能性等，为后续工程设计提供重要依据。

（二）水文地质分析

水文地质分析部分评价了地下水位、水文地质条件、地下水动态等水文地质特征，并分析地下水对工程的影响。这包括了对地下水位变化规律、地下水补给与排泄、水文地质层理特征等方面的描述和分析。通过水文地质分析，可以评估地下水对工程的稳定性和安全性的影响，为地下水处理和排水设计提供依据。

（三）地质灾害评价

地质灾害评价部分对滑坡、泥石流、地震等地质灾害风险进行评价，分析可能的影响和应对措施。这包括了对地质灾害的潜在危害程度、发生可能性、影响范围以及应急处置措施等方面的描述和分析。通过地质灾害评价，可以识别潜在的灾害隐患，制定有效的防灾措施，保障工程的安全稳定。

（四）岩土工程参数

岩土工程参数部分提供了勘察区域的地层参数、土壤力学参数、岩石力学参数等，为工程设计提供基础数据。这包括了土壤类型与性质、岩石的抗压强度、抗剪强度、岩体的稳定性分析参数等方面的描述和分析。通过岩土工程参数的提供，可以为地基处理、结构设计、抗震设计等工程阶段提供科学依据。

（五）工程建议

工程建议部分根据勘察结果，提出工程设计和施工的建议，包括地基处理、抗震设防、排水措施等。这包括了对工程设计、施工工艺、材料选取、技术措施等方面的建议和意见。通过工程建议的提出，可以针对勘察区域的地质特征和工程需求，提供可行的解决方案，确保工程的安全可靠。

（六）勘察成果展示

勘察成果展示部分通过图表、统计数据等形式展示勘察成果，包括地质剖面图、地下水位分布图、地质灾害风险评价图等。这些展示内容直观地呈现了勘察结果，为读者更好地理解报告内容提供了帮助。

第二节　复杂地质条件下的岩土工程勘察报告编制

一、报告编制过程与流程

在复杂地质条件下的岩土工程勘察报告编制过程中，需要经历以下主要流程：

（一）项目准备阶段

在这个阶段，可确定项目的范围、目标和任务，并明确编制报告的目的和要求，并确定勘察区域的范围、勘察内容、勘察方法和技术路线。

（二）实地勘察阶段

进行实地勘察，采集地质、水文、气象等方面的数据。根据勘察任务和目标，选择合适的勘察方法和工具，开展地质勘察、地下水勘察等工作，收集必要的样本和数据。

（三）数据处理与分析阶段

对采集的数据进行处理和分析。包括地质地貌分析、地层工程地质分析、水文地质分析等方面。利用各种软件工具对数据进行处理和统计，提取有用信息，为后续的结果分析和报告撰写提供基础。

（四）结果分析与报告撰写阶段

根据数据处理和分析的结果，对勘察区域的地质、水文、地下水、地质灾害等情况进行详细分析。结合勘察目的和任务，撰写报告的各个章节，包括前言、概述、勘察内容与方法、勘察结论与建议等部分。

（五）报告审核与修订阶段

对编制完成的报告进行审核和修订，确保报告内容准确完整，符合相关标准和规范。在这个阶段，需要对报告进行多轮的审查和修改，保证报告质量。

（六）报告提交与反馈阶段

将最终修订的报告提交给相关部门或委托方，接受反馈和审查。根据反馈意见进行必要的修改和调整，直至报告最终通过审核。

（七）报告发布与存档阶段

完成报告的最终版本，并进行发布和存档。确保报告的安全保存，并为后续工程设计和施工提供参考依据。

以上流程是编制岩土工程勘察报告的一般过程，具体情况可能会根据项目的要求和实际情况进行调整和变化。

二、数据处理与结果分析

在复杂地质条件下的岩土工程勘察中，数据处理与结果分析是确保勘察报告准确性和可靠性的关键步骤。以下是数据处理与结果分析的具体步骤：

（一）数据整理与归档

1.数据收集与整理

收集来自现场调查、实地勘测、实验室测试等各个环节的数据，包括地质构造、地层分布、岩土性质、地下水情况等方面的数据。

2.数据分类与归档

将收集到的数据按照不同的类型进行分类整理，并建立系统化的数据归档体系，以便后续的分析和利用。

3.数据质量检查

对整理后的数据进行质量检查，包括数据的完整性、准确性和可靠性等方面的检查，及时发现和处理异常数据。

（二）数据统计与分析

1.统计数据处理

利用统计学方法对数据进行处理，包括平均值、标准差、相关系数等统计指标的计算，以全面了解数据的特征和分布规律。

2.数据可视化

通过绘制直方图、散点图、箱线图等形式的图表，直观地展示数据的分布和变化趋势，便于理解和分析。

3. 数据分析与解释

根据统计分析结果，深入分析数据背后的地质特征和规律，解释数据的意义及其影响因素，为后续的地质环境评价提供依据。

（三）结果验证与确认

1. 与实地情况对比验证

将数据分析的结果与实地勘察和观测结果进行对比验证，确保数据分析的准确性和真实性。

2. 使用专业软件进行验证

利用专业地质勘察和数据分析软件，对数据进行模拟和验证，验证分析结果的可靠性和科学性。

3. 专家评审与确认

邀请地质专家对数据处理和分析结果进行评审和确认，听取专家意见并进行修正，确保数据分析的科学性和可信度。

数据处理与结果分析是岩土工程勘察报告编制过程中至关重要的环节，它直接影响着报告的准确性和可靠性。因此，在进行数据处理与结果分析时，必须严格按照科学的方法和流程进行，确保分析结果的科学性和可信度。

三、编制技巧与注意事项

在编制复杂地质条件下的岩土工程勘察报告时，需要注意以下几点技巧和注意事项：

（一）准确性优先

1. 数据采集与验证

在进行勘察过程中，要确保数据的准确性和可靠性，采集的数据应该经过多次验证和核实，尤其是关键数据和参数。

2. 实地观察与检验

除了依靠仪器设备采集数据外，还应进行实地观察和检验，对地质、水文等情况进行实地验证，确保数据的真实性。

3.合理假设与推论

在数据分析和结果推论时，要建立在合理的假设和推论基础上，既不夸大事实，也不低估风险，确保结论的客观准确性。

（二）客观公正

1.勘察过程记录

对于勘察过程中的每一个环节，都要进行客观记录和描述，不夸大其词，不隐瞒实情，确保报告的客观性。

2.反映真实情况

在报告中应真实地反映调查结果和分析结论，不受任何利益或压力的影响，保持独立客观的立场，避免偏颇和主观臆断。

3.公开透明原则

在报告中应当公开透明地呈现数据和分析过程，接受外部评审和监督，确保报告的可信度和公正性。

（三）清晰简明

1.结构合理

报告的结构应当合理清晰，使各个部分之间有机衔接，避免信息冗余和重复，提高报告的可读性和易理解性。

2.图表清晰

在使用图表和数据展示时，要注意清晰度和简洁性，图表应当简明易懂，能够直观地传达信息，减少文字叙述的复杂性。

3.术语规范

使用术语要规范统一，避免使用模糊不清或有歧义的术语，以确保报告的准确性和易懂性。

（四）综合分析

1.全面考虑因素

在结果分析过程中，要充分考虑地质、水文、地下水等多个方面的因素，进行综合分析和评价，确保结论全面准确。

2.数据交叉验证

对于关键数据和结论，可以进行数据交叉验证，利用不同方法和数据源进行验证，提高结果的可信度和科学性。

3.风险评估与控制

针对可能存在的风险和不确定性因素，进行合理评估和控制，提出相应的风险应对策略，确保工程的安全性和稳定性。

（五）科学性与合理性

1.理论支撑与依据

报告中的结论和建议应基于科学理论和实证数据，具有可靠的理论依据，避免主观臆断和不科学地推测。

2.考虑工程实际

在提出建议和措施时，要充分考虑工程实际情况和需求，确保建议具有可操作性和实用性，能够为工程设计和施工提供有效指导。

3.专业意见支持

如有必要，可以邀请地质、水文等领域的专家进行评审和意见支持，确保报告的科学性和合理性。

（六）规范性与可操作性

1.符合规范要求

报告的编制应符合相关规范和标准的要求，包括报告的格式、内容、撰写方法等方面的规范，确保报告的标准化和规范化。

2.操作性建议

报告中的建议和措施应具有一定的操作性和实用性，能够为工程设计和施工提供具体指导和支持，减少后续工作的不确定性和风险。

3.考虑可持续发展

在提出建议和措施时，要考虑可持续发展的原则，兼顾生态环境和资源利用，提出符合可持续发展的方案和建议。

（七）及时性

1.确保进度和时效性

在报告编制过程中，要严格控制进度，保证按时完成报告的撰写和审核，确保及时提交给相关单位和人员。

2.及时更新和修订

随着勘察工作的进行和数据的积累，报告内容可能需要更新和修订，应及时进行修订，保持报告的准确性和实用性。

3. 及时通报风险信息

对于发现的重要地质灾害隐患或风险因素，应及时向相关单位和部门通报，以便采取相应措施，减少可能的损失。

以上技巧和注意事项在岩土工程勘察报告的编制过程中至关重要，能够保证报告的准确性、客观性和实用性，为工程设计和施工提供有效支持和指导。同时，这些原则也体现了勘察人员的专业素养和责任意识，是保障工程质量和安全的重要保障措施。

第三节 勘察报告的实际应用与案例分析

一、勘察报告在工程实践中的作用

（一）提供决策依据

1. 地质信息分析

（1）地层结构

通过勘察报告中的地层结构分析，工程相关单位可以了解地下岩层的性质、厚度和分布情况，有利于确定基础工程的设计方案和施工方法。

（2）地形地貌特征

勘察报告提供了对工程区域地形地貌特征的描述和分析，包括山地、平原、河流等。这些信息有助于制定工程的布局和规划。

2. 水文气象分析

（1）降水情况

根据勘察报告中的降水数据分析，工程决策者可以评估工程所在地区的降水量、分布规律和季节性变化，为排水设计和防洪措施提供依据。

（2）气候条件

报告中对气候条件的分析可以帮助工程设计人员了解工程所处地区的气温、湿度、风速等情况，有助于选择合适的材料和设计工艺，提高工程的耐久性和适应性。

3.地质灾害评估

（1）地质灾害类型

勘察报告对工程区域可能发生的地质灾害类型进行了评估和分类，如滑坡、泥石流、地震等，为工程安全防范提供重要参考。

（2）风险评估

报告中对地质灾害风险的评估可以帮助工程决策者对工程安全风险进行全面认识和评估，从而制定相应的应对措施和应急预案。

（二）指导工程设计

1.地基条件评价

（1）土壤性质

通过勘察报告中对土壤的取样分析，设计人员可以了解土壤的类型、密实度、含水量等参数，为基础设计提供准确的土力学参数。

（2）地基承载能力

报告中的地基承载能力评价可以指导工程设计人员合理选择基础类型和尺寸，确保工程的承载性能和稳定性。

2.结构设计参考

（1）地震设计参数

勘察报告中提供的地震地质条件和地震烈度参数可以为工程结构的抗震设计提供重要参考，保障工程在地震灾害中的安全性。

（2）地质构造影响

报告中对地质构造的分析可以指导工程设计人员避开地质构造异常带，减少地质灾害的发生风险，提高工程的安全性和可靠性。

（三）支持施工实施

1.施工条件评估

（1）地质条件分析

勘察报告中对地质条件的评估可以帮助施工单位了解施工现场的地质特点，为施工方法的选择和施工工艺的优化提供依据。

（2）地下水位分析

报告中提供的地下水位数据可以指导施工单位合理选择抽水、降水等工程措施，确保施工现场的安全和稳定。

2.施工风险预防

（1）地质灾害防护措施

根据勘察报告中对地质灾害风险的评估，施工单位可以采取相应的防护措施，如加固、支护等，确保施工过程中的安全性。

（2）应急预案的制订

报告中的地质灾害风险评估结果可以为施工单位制订应急预案提供重要参考，提高施工现场的应急处置能力。

（四）减少工程风险

1.风险识别与评估

（1）潜在风险识别

勘察报告通过对地质条件、水文气象等因素的分析，可以帮助工程相关单位及时识别潜在的地质灾害风险和工程安全隐患，减少事故发生的可能性。

（2）风险评估与控制

报告中的风险评估结果为工程决策者提供了科学的依据，可以制定有效的风险控制措施和应对策略，降低工程风险，保障工程的安全和稳定性。

二、实际工程案例的勘察报告分析

在实际工程项目中，勘察报告发挥着重要的作用。以一座大型桥梁工程为例，勘察报告中的内容分析如下：

（一）地质条件分析

勘察报告详细描述了工程所处地区的地质构造、地层分布和岩性特征。根据勘察结果，确定了工程地段存在的地质问题，如岩石的稳定性、地下水情况等。

1.地质构造描述

地质构造描述是勘察报告中的重要部分，它通过对地区地质构造特征的详细描述，为工程设计和施工提供了重要的参考。在地质构造描述中，应包括以下内容：

（1）地层的分布

描述工程所处地区地层的类型、分布范围和厚度，以及不同地层之间的联系和变化情况。这有助于工程设计人员了解地下地质条件，合理选择工程方案。

（2）岩性特征

对各种岩性的特征进行详细描述，包括颜色、密度、结构、裂隙情况等。特别是对于可能出现的岩体裂隙、节理发育等问题，需要进行充分的描述和分析，为工程施工提供重要依据。

（3）断裂带和褶皱

勘察报告还应对可能存在的断裂带、褶皱等地质构造特征进行描述。这些构造特征可能对工程稳定性和地质灾害风险产生重要影响，因此需要在工程设计和施工中充分考虑。

2.地层分析与岩性特征

地层分析与岩性特征描述是地质条件分析的重要内容之一。在勘察报告中，应对地层的类型、厚度、分布等进行详细分析，同时对各种岩性的特征进行描述和评价。具体包括：

（1）地层的类型和厚度

根据地质钻孔和野外勘察数据，确定各种地层的类型和厚度，分析地层的分布规律和变化趋势。

（2）岩性特征描述

对于不同类型的岩石，如页岩、砂岩、花岗岩等，应对其颜色、质地、结构、裂隙等岩性特征进行详细描述，以便为工程设计和施工提供参考。

（3）地层稳定性分析

针对可能存在的地层不稳定问题，应进行地层稳定性分析，评估地层的承载能力和稳定性，为工程设计提供可靠依据。

3.地质问题识别与分析

地质问题识别与分析是勘察报告中的关键内容之一，它直接影响工程的安全和稳定性。在地质问题识别与分析中，应重点关注以下几个方面：

（1）地层不稳定问题

对于可能存在的地层滑坡、塌陷等问题，应进行详细分析，评估其对工程安全的影响，并提出相应的防治措施。

（2）岩体裂隙问题

对于岩体可能存在的裂隙、节理等问题，应进行充分分析，评估其对工程稳定性的影响，并提出相应的支护和加固措施。

（3）地下水问题

对于可能存在的地下水涌泉、渗漏等问题，应进行地下水情况分析，评估其对工程的影响，并提出相应的排水和防渗措施。

4. 地下水情况分析

地下水情况分析是地质条件分析的重要内容之一。在勘察报告中，应对地下水位的高低、水文地质条件、地下水动态等进行详细分析，具体包括以下几个方面：

（1）地下水位分析

对地下水位的高低、季节变化等进行分析，以确定地下水的水位情况。地下水位的高低会直接影响工程的地下水压力、排水设计以及基坑工程等方面，因此需要充分了解地下水位的情况。

（2）水文地质条件分析

对地下水层的厚度、渗透性等水文地质条件进行分析。水文地质条件的不同将对地下水的运移和地下水与地表水的关系产生重要影响，对工程设计和施工会产生一定的影响。

（3）地下水动态分析

对地下水的运移和补给情况进行分析，了解地下水的流向和流速。地下水动态的分析将有助于预测地下水对工程的影响，进而采取相应的防护和治理措施。

（4）地下水与工程的关系分析

分析地下水对工程的潜在影响，如地基稳定性、地下水涌出风险、工程施工过程中的排水等。通过对地下水与工程之间关系的分析，可以提出相应的建议和措施，确保工程的安全和稳定。

（二）水文地质分析

报告评价了地下水位、水文地质条件、地下水动态等水文地质特征。根据水文地质分析结果，确定了地下水对工程的可能影响，并提出了相应措施。

1. 地下水位评估

（1）地下水位深度评估

在勘察报告中，对工程地段的地下水位深度进行了详细评估。通过钻探、地下水监测井等手段，测定了不同季节、不同地点的地下水位深度。这种深度评估考虑了地质构造、地表地形、地下水补给状况等影响，为后续工程设计提供了重要依据。

（2）地下水位波动范围评估

勘察报告详细描述了地下水位的季节性和年际性波动范围。通过长期监测数据的分析，确定了地下水位的波动趋势和幅度。这种评估有助于预测地下水对工程的影响程度，为工程的设计和施工排水方案提供了可靠的依据。

（3）地下水位季节性变化评估

报告对地下水位的季节性变化进行了分析，特别关注雨季和旱季对地下水位的影响。通过对地下水位与降雨量、地表径流的关联性研究，揭示了季节性变化对地下水位的影响机制。这种评估有助于工程设计中灵活应对不同季节的地下水位变化，确保工程施工的顺利进行。

2. 水文地质条件分析

（1）地下水渗流特性分析

勘察报告详细分析了工程地段的地下水渗流特性，包括地下水的渗透性、渗流速度、渗透系数等参数。通过水文地质勘察和地下水动态监测数据，揭示了地下水在不同地质层中的渗流规律。这种分析为工程设计提供了关于地下水运移特性的重要信息。

（2）水文地质构造分析

报告对工程地段的水文地质构造进行了系统研究，包括地层分布、断裂构造、岩性变化等方面。通过对地质构造与地下水运移的关系进行分析，评估了地下水对工程可能产生的影响。这种分析有助于识别潜在的地下水渗流通道和障碍，为工程设计提供了重要参考。

（3）水文地质过程分析

勘察报告还对工程地段的水文地质过程进行了深入分析，包括岩溶、地下水补给、地下水与地表水的交互作用等方面。通过对水文地质过程的研究，识别了可能存在的地下水动态变化机制，为工程设计提供了科学依据。

3.地下水动态分析

（1）地下水补给来源分析

报告详细分析了工程地段地下水的补给来源，包括降雨入渗、地表径流入渗、地表水渗漏等途径。通过对地下水补给源的研究，揭示了地下水动态变化的主要驱动力，为工程施工中的水文调控提供了理论支撑。

（2）地下水流动方向分析

勘察报告对地下水流动方向进行了细致分析，通过水文地质勘察和数值模拟等手段，确定了地下水在地下水流域中的主要流向。这种分析为工程设计提供了关于地下水运移路径的重要信息，有助于预测地下水对工程的潜在影响。

（3）地下水流速分析

报告还对地下水的流速进行了评估，通过水文地质特征和地下水动态监测数据，确定了地下水流速的空间分布和变化规律。这种分析为工程施工中的排水设计和地下水抗渗措施提供了重要参考，确保工程的安全运行。

（三）地质灾害评价

对工程所在地区的地质灾害风险进行了评价，包括滑坡、泥石流、地震等灾害。报告中提出了相应的防灾措施，确保工程的安全和稳定性。

1.地质灾害类型识别

（1）滑坡灾害识别与评价

勘察报告对工程所在地区可能发生的滑坡灾害进行了详细识别和评价。通过地质构造、地貌特征、地层岩性等因素的分析，确定了潜在的滑坡危险区域，并评估了滑坡可能性及规模。同时，对滑坡形成机制进行了深入研究，包括降雨引发的水文地质过程、地质体稳定性分析等，以提供科学依据支持防灾措施的制定。

（2）泥石流灾害识别与评价

报告对工程所在地区可能发生的泥石流灾害进行了细致识别和评价。通过对地形地貌、降雨条件、地层岩性等因素的分析，确定了潜在的泥石流危险区域，并评估了泥石流可能性及危害程度。同时，对泥石流形成机制进行了深入研究，包括坡地侵蚀、土体液化等地质过程，为制定有效的防灾措施提供了依据。

（3）地震灾害识别与评价

勘察报告还对工程所在地区可能发生的地震灾害进行了全面识别和评价。通过对地震活动性、地质构造、地震烈度等因素的分析，确定了地震灾害的潜在风险区域，并评估了地震可能带来的影响和损失。同时，结合地质构造的特点，对可能引发的地震次生灾害，如地裂缝、滑坡等进行了分析评价，为工程安全防范提供了科学依据。

2.风险评估与应对措施

（1）滑坡灾害风险评估与防治措施

报告对可能发生的滑坡灾害进行了风险评估，并提出了一系列的防治措施。针对潜在滑坡危险区域，可能采取的措施包括地质体加固、植被恢复、排水系统建设等。通过地质工程措施与生态修复相结合，降低了滑坡发生的可能性和影响程度，确保了工程的安全可靠。

（2）泥石流灾害风险评估与防治措施

勘察报告对可能发生的泥石流灾害进行了风险评估，并提出了相应的防治措施。针对泥石流危险区域，可能采取的措施包括护坡、拦砂坝、植被覆盖等。通过加强泥石流防护设施建设和生态修复，有效减轻了泥石流对工程的威胁，确保了工程的安全运行。

（3）地震灾害风险评估与防护措施

报告对可能发生的地震灾害进行了风险评估，并提出了相应的防护措施。针对地震危险区域，可能采取的措施包括建立地震监测预警系统、设计抗震结构、加固工程设施等。通过科学的地震灾害防护工程措施，提高了工程的抗震能力，最大程度地保障了工程的安全稳定。

（四）岩土工程参数

提供了工程地段的地层参数、土壤力学参数、岩石力学参数等重要数据。这些参数为工程设计和施工提供了基础数据和依据。

1. 地层参数

（1）土层厚度

勘察报告详细记录了工程地段的土层厚度数据。通过地质勘察、钻孔数据等手段获取，对不同土层的厚度进行了准确描述。这些数据为工程设计提供了关于地基土层分布和厚度变化的重要信息，有助于确定合适的基础处理方案。

（2）土层性质

报告对工程地段的土层性质进行了细致描述，包括土壤的颗粒组成、密实度、含水量等特征。通过实验室试验和野外观测，获取了土层的工程性质参数，如土的分类、承载力等。这些数据为地基处理、基础设计提供了重要依据，确保了工程的稳定性和安全性。

（3）土层分布

勘察报告还提供了工程地段土层的分布情况，包括不同类型土层的空间分布特征。通过地层勘探和地质剖面分析，揭示了土层的层位关系、变化规律等。这些数据为地基处理、基础设计提供了翔实的地质资料，有助于准确评估地基稳定性和承载能力。

2. 土壤力学参数

（1）土地抗压强度

报告提供了工程地段土壤的抗压强度数据，包括不同类型土壤的抗压强度参数。通过室内试验和现场取样测试，确定了土的抗压强度特征，并分析了其影响因素。这些数据为地基承载能力评估和基础设计提供了关键参数，确保了工程结构的安全性。

（2）土的抗剪强度

勘察报告还提供了工程地段土壤的抗剪强度数据，包括不同类型土壤的抗剪强度参数。通过直剪试验、三轴试验等手段获取，确定了土的抗剪强度特征及其变化规律。这些数据为土体稳定性评估和边坡设计提供了重要参考，确保了工程的安全性。

（3）土的变形特性

报告还提供了工程地段土壤的变形特性数据，包括压缩模量、剪切模量、土体压缩性等参数。通过室内试验和现场监测，确定了土的变形特性及其与应力之间的关系。这些数据为地基设计、基础稳定性分析提供了重要数据支撑，确保了工程的安全可靠性。

（五）工程建议

根据勘察结果，报告提出了多项关键建议，以确保工程设计和施工的顺利进行，并最大程度地降低可能出现的地质风险。首先，针对地基处理，建议采取适当的加固措施以提高地基的稳定性和承载能力。这可能涉及地基加固桩、地下连续墙等技术手段，根据具体地质条件和工程要求进行选择和设计。其次，在抗震设防方面，建议采取严格的抗震设计标准和措施，以提高工程抗震能力。这可能包括了加强结构的抗震设计、设置合适的减震装置、采用柔性连接等方法，以应对可能发生的地震灾害。此外，在排水措施方面，建议设计合理的排水系统，确保工程周边地区的排水畅通，防止地下水对工程的不利影响。可能采取的措施包括设置排水沟、排水管道，设计合适的排水坡度等。另外，对于可能存在的地质灾害风险，建议加强监测和预警系统的建设，及时发现地质灾害隐患，采取相应的应对措施，保障工程的安全。总体而言，报告提出的这些建议和措施为工程实践提供了重要的指导和支持，有助于降低地质风险，保障工程的安全和稳定性。在工程实践中，应严格按照这些建议和措施进行设计和施工，并加强监测和管理，以确保工程的顺利进行和最终的成功竣工。

三、报告编制对工程实施的指导与支持

（一）工程设计指导

1. 地质信息利用

（1）分析地层分布

勘察报告详细描述了工程地段的地层分布情况，包括各个地层的厚度、性质以及层序关系等。设计人员可以根据这些地层分布信息，分析地质条件对工程的影响，合理选择工程结构方案。例如，针对软弱地层分布较多的地区，设计人员可以采取加固和支护措施，以增加工程的稳定性。

（2）考虑岩性特征

报告中提供了工程地段的岩性特征描述，包括岩石的类型、结构、断裂情

况等。设计人员在工程设计过程中应充分考虑这些岩性特征，对于岩石工程设计尤为重要。例如，在选择爆破方案时，需要考虑岩石的裂隙分布情况，以减少爆破对周边环境的影响。

（3）分析构造情况

勘察报告对工程地段的构造情况进行了详细分析，包括构造线、构造断裂、构造空间分布等。设计人员可以根据构造情况，合理评估地质构造对工程的影响，采取相应的设计措施。

2.水文地质信息应用

（1）分析地下水位影响

报告提供了工程地段的地下水位信息，设计人员可以利用这些信息分析地下水位对工程的影响。例如，地下水位较高的地区可能会导致工程施工中的地基沉降问题，设计人员可以采取降低地下水位的措施，如设置排水系统等，以确保工程的稳定性。

（2）考虑水文地质构造

勘察报告中描述了工程地段的水文地质构造情况，包括水系分布、地下水流方向等。设计人员可以充分考虑这些水文地质构造信息，在工程设计中合理设计排水系统、防渗措施等，以降低地下水对工程的影响，确保工程的安全稳定。

3.工程材料选用建议

（1）土壤力学参数

勘察报告提供了土壤力学参数，如抗压强度、抗剪强度等。设计人员可以根据这些土壤力学参数合理选择工程材料，并确定材料的使用范围和施工参数。例如，在选择路基填料时，可以根据土壤的抗压强度参数，选用适当的填缝材料，以确保路基的稳定性。

（2）岩石力学参数

报告中提供了岩石力学参数，设计人员可以根据这些参数合理选择岩石工程材料，并确定相应的工程施工参数。例如，在选择爆破方案时，可以根据岩石的抗压强度参数，确定合适的爆破设计参数，以确保爆破施工的安全性和效率性。

（二）施工方案优化

1. 地质条件调整施工顺序

（1）分析地质条件

勘察报告提供了工程地段的详细地质信息，包括地层特征、岩性情况、地质构造等。施工单位可以根据报告中的地质条件分析，对工程施工顺序进行调整，以应对不同地质条件下的施工挑战。

（2）较不稳定地质区段优先加固

根据勘察报告中对地质条件的评估，施工单位可以优先处理较不稳定的地质区段。例如，对于存在较大地质风险的区域，可提前采取加固措施，如加固边坡、加固地基等，以确保施工的安全和顺利进行。

（3）合理施工序列安排

根据报告中提供的地质信息，施工单位可以合理安排施工序列，优化施工计划。例如，在进行地下结构施工时，可以先处理较稳定的地质区段，然后再处理较不稳定的地质区段，以降低施工风险和保证施工质量。

2. 地下水处理措施

（1）地下水动态信息分析

勘察报告提供了工程地段地下水的动态信息，包括地下水位变化、补给来源等。施工单位可以根据报告中的地下水动态信息，制定相应的地下水处理措施，以保障施工现场的干燥和安全。

（2）适当采取地下水降低措施

根据地下水位的高低和变化规律，施工单位可以适当采取地下水降低措施，如设置排水井等，以降低地下水对施工的影响，确保施工现场的安全。

（3）排水系统设计和施工

根据勘察报告中提供的地下水位和水文地质特征，施工单位可以合理设计和施工排水系统，确保施工现场的排水畅通，防止地下水涌入施工现场，从而保障施工的安全和质量。

3. 施工防护措施采取

（1）评估地质灾害风险

勘察报告对地质灾害风险进行了评估和分析，包括滑坡、泥石流等地质灾害类型。施工单位可以根据报告中提供的风险评估结果，采取相应的施工防护措施，降低地质灾害对施工的影响。

（2）加固措施实施

根据报告中提出的加固建议，施工单位可以采取相应的加固措施，如加固边坡、设置防护网等，以减少地质灾害对施工的影响，保障施工质量和进度。

（3）施工阶段监测与应对

在施工过程中，施工单位应进行实时监测，以及时发现地质灾害风险并采取应急措施。例如，在降雨季节或地质灾害易发期，施工单位应加强对施工现场的监测，确保施工的安全进行。

（三）风险防范措施

1.地质灾害防范措施

（1）地质灾害评估与分析

勘察报告对工程所在地区可能发生的地质灾害进行了评估和分析，如滑坡、泥石流等。工程单位可以根据报告中提供的地质灾害评估结果，了解潜在的地质灾害风险，制定相应的防灾措施。

（2）防灾措施建议

报告中提出了针对不同地质灾害类型的防灾措施建议，如加固工程结构、设置防护网、排除滑坡体等。工程单位可以根据这些建议，采取预防性措施，降低地质灾害对工程的影响，确保工程的安全实施。

（3）建设监测预警系统

为了及时发现地质灾害的迹象，工程单位可以根据勘察报告的建议，建设监测预警系统。通过设置地质灾害监测设备，监测地质灾害的发生和演变过程，提前预警，及时采取应对措施，保障工程的安全。

2.水文地质风险管理

（1）利用地下水动态数据

勘察报告提供了工程地段地下水动态和水文地质特征的详细数据和分析。工程单位可以充分利用这些信息，制订合理的水文地质风险管理方案，准确评估地下水对工程的潜在影响。

（2）采取监测与控制措施

根据报告中对地下水的分析，工程单位可以采取相应的监测和控制措施，如设置地下水位监测点、采取排水措施等。通过实时监测地下水位变化，及时调整施工计划和工程措施，以减少地下水对工程的不利影响。

（3）制定水文地质风险应对策略

工程单位可以根据勘察报告中提供的水文地质信息，制定相应的应对策略。例如，在施工过程中，及时调整排水系统、加强防水措施等，以应对地下水对工程的不利影响，确保工程的安全施工和质量。

3.地质灾害应急预案

（1）制订应急预案

根据勘察报告中对地质灾害的评估和分析，工程单位可以制订完善的地质灾害应急预案。预案应明确应急响应措施、责任分工和应急处置程序，以提高工程应对地质灾害的能力和效率。

（2）应急演练与培训

工程单位应定期组织地质灾害应急演练和培训，提高施工人员的应急处置能力和应变能力。通过模拟地质灾害场景，检验应急预案的实施效果，不断完善应急响应机制，提高工程应对地质灾害的整体应对能力。

（3）信息共享与联动机制

工程单位应与相关部门建立信息共享和联动机制，及时传递地质灾害预警信息，并进行协同处置。通过多方合作，加强对地质灾害的监测和预警，提高应急响应的及时性和有效性。

（四）工程实施监督

1.依据工程实施

勘察报告的重要性在于它作为工程实施的依据，为监理单位提供了全面的参考框架，使其能够对工程实施过程中的地质条件和施工质量进行有效的监督和检查。监理单位在执行其职责时，必须充分依赖于勘察报告提供的信息，以确保工程能够按照设计要求和规范要求顺利实施，并保证其质量和安全。

第一，监理单位应仔细研读勘察报告，深入理解其中涉及的地质条件、水文地质特征以及工程材料参数等关键信息。这些信息为监理单位提供了对工程实施过程中可能遇到的地质问题和水文地质影响有了全面的认识，有助于监理单位在实地检查中抓住关键问题。

第二，基于勘察报告的内容，监理单位应有针对性地制订监督和检查计划。这包括确定监测点位、监测频率以及监测参数等方面，以确保对工程实施全过程的有效监控。监理单位应重点关注报告中指出的可能存在的地质风险，如地质灾害隐患、地下水位变化等，及时发现问题，并提出合理的解决方案。

第三，监理单位还应注重现场巡查和定期检查，对工程实施过程中的地质条件和施工质量进行实时跟踪和评估。这不仅包括对地质条件的观测和记录，还包括对施工工艺和施工质量的全面检查，以确保工程实施符合设计要求和相关规范标准。

第四，监理单位应及时向建设单位和设计单位反馈监督检查的结果，并提出改进建议。通过及时沟通和协调，解决工程实施过程中存在的问题和难题，保证工程的顺利进行和质量安全。

2.地质条件变化监测

监理单位在工程实施过程中扮演着至关重要的角色，其主要职责之一是对地质条件的变化进行监测和评估，以保障工程的安全施工和顺利进行。为此，监理单位可以充分利用勘察报告中提供的地质条件信息，开展有效的地质条件监测工作。

第一，监理单位应仔细研读勘察报告，全面了解工程所处地区的地质情况，包括地层构造、岩性特征、地质构造等。这些信息为监理单位提供了对工程所面临的地质条件有全面的认识和理解，有助于制订有效的监测方案。

第二，监理单位可以根据勘察报告中提供的地质信息，确定监测点位和监测参数。监测点位应涵盖工程施工区域内的关键地质位置，如可能发生滑坡、泥石流等地质灾害的潜在区域，以及可能受地下水影响的地区等。监测参数可以包括地下水位、地表位移、地震活动等指标，以全面监测地质条件的变化。

第三，监理单位应建立健全的监测体系和监测设备，确保监测工作的有效性和准确性。监测设备应具备高精度和稳定性，能够实时记录地质条件的变化情况，并能及时发出预警信号。监理单位应定期对监测数据进行分析和评估，及时发现地质条件的异常变化，制定相应措施。

第四，监理单位应与施工单位和设计单位保持密切的沟通和协调，及时分享监测数据和评估结果，共同制定应对策略。在发现地质条件发生变化或存在风险时，监理单位应与相关单位密切合作，及时采取措施，确保工程的安全施工和顺利进行。

3.施工质量检查

勘察报告中提供的土壤力学参数和岩石力学参数等数据是监理单位进行施工质量检查和评估的重要依据。这些数据反映了工程所处地段土体和岩石的力学特性，对于评估施工过程中的土体稳定性、支护结构的合理性等方面具有重要意义。

第一，监理单位可以根据勘察报告中提供的土壤力学参数，对施工过程中土体的稳定性进行检查和评估。通过对土壤抗压强度、抗剪强度、变形特性等参数的分析，监理单位可以了解土体的承载能力和变形性能，评估土体是否能够满足工程设计要求，以及是否需要采取加固措施。

第二，监理单位还可以利用勘察报告中提供的岩石力学参数，对施工过程中岩石体的稳定性和支护结构的合理性进行检查。通过对岩石的抗压强度、抗剪强度、岩体结构等参数的评估，监理单位可以判断岩体的稳定性和可供开挖程度，评估支护结构的设计是否符合规范要求，是否能够有效保护施工现场和人员安全。

第三，监理单位还应结合实际施工情况，对施工现场进行实地检查和监测。通过观察土体和岩石的变形情况、支护结构的稳定性等指标，及时发现施工过程中可能存在的问题和隐患，提出相应的整改建议，并及时与设计单位和施工单位沟通，共同解决施工质量问题，确保工程施工质量符合相关规范和标准。

（五）工程后续维护

1.基于勘察报告的维护计划

基于勘察报告的维护计划是工程管理单位确保工程设施长期稳定运行的重要工作之一。勘察报告提供了关于地质、水文等方面的详细信息，这些信息为制订维护计划提供了重要参考依据。工程管理单位可以根据报告中的建议和措施，结合实际情况，制订科学合理的维护计划，以确保工程设施的安全和稳定运行。

首先，根据勘察报告中提供的地下水情况，工程管理单位可以制订定期检查地下排水系统的维护计划。对地下排水系统进行定期检查，包括检查排水管道的畅通情况、排水设施的运行情况等，及时发现并处理排水系统可能存在的问题，确保地下水排泄畅通，避免因积水引发的地基问题。

其次，根据勘察报告中的地质灾害风险评估结果，工程管理单位可以制订加固工程结构的维护计划。通过定期检查工程结构的稳定性、加固设施的完整性等，及时发现并处理可能存在的结构松动、裂缝等问题，采取必要的加固措施，提高工程结构的稳定性和抗灾能力，确保工程的长期安全运行。

再次，工程管理单位还应根据勘察报告中提供的其他相关信息，如土壤力学参数、岩石力学参数等，制订相应的维护计划。例如，对于土壤稳定性较差的区域，可以制订定期巡视和检测计划，加强对土体的监测，及时发现并处理土体变形、滑坡等问题，保障工程的安全稳定。

最后，工程管理单位还应考虑制订定期的维护计划，并确保维护计划的实施。定期的维护计划包括对工程设施的定期检查、维护和修复等工作，以确保工程设施的长期稳定运行。同时，还需要建立健全的维护记录和数据管理系统，及时记录维护情况，为工程后续的维护工作提供可靠的数据支持。

2. 定期巡视和检测

定期巡视和检测是工程管理单位保障工程设施安全运行的重要措施之一。依据勘察报告提供的地质和水文信息，工程管理单位可以有针对性地开展定期的巡视和检测工作，以监测工程设施的地质条件、地下水位、地表变形等情况，及时发现潜在问题，并采取相应的维护和修复措施，以保障工程的安全运行。

在进行定期巡视和检测时，工程管理单位首先会根据勘察报告提供的地质信息，重点关注工程设施周边的地质条件。通过对地质构造、地层稳定性等进行观察和监测，及时发现地质条件可能存在的变化和问题，为工程设施的安全提供重要依据。

同时，工程管理单位还会密切关注地下水位的变化情况。根据勘察报告提供的水文信息，工程管理单位会定期监测地下水位的高低变化，以及地下水对工程设施的可能影响。通过及时地监测和分析，可以预防地下水可能带来的地基液化、基础失稳等问题，保障工程的安全稳定。

此外，工程管理单位还会对工程设施周边的地表变形进行定期检测。通过使用现代化的监测设备和技术手段，如激光测距仪、遥感技术等，对地表的沉降、裂缝等情况进行监测，及时发现并跟踪变形的趋势，采取必要的维护和修复措施，确保工程设施的安全运行。

3. 应急响应准备

根据勘察报告中提供的地质灾害风险评估结果，工程管理单位应该制定健全的地质灾害应急响应机制，以应对可能发生的地质灾害，保障工程的安全和人员财产的安全。这一应急响应机制的建立不仅需要充分考虑潜在的地质灾害类型和影响程度，还需要综合考虑工程所处地区的地质特征、气候条件等因素，以制订相应的应急预案和处置方案。

首先，制订应急预案是应急响应机制的重要组成部分。应急预案应包括对各类可能发生的地质灾害的应对策略和措施，明确应急响应的程序和流程，明确责任部门和人员，以及应急物资和设备的准备情况。在制订应急预案时，需要充分考虑地质灾害的可能性、规模和影响范围，合理安排应对措施，确保应急响应的及时性和有效性。

其次，制订地质灾害应急处置方案是应急响应机制的另一个重要内容。地质灾害应急处置方案应根据具体的地质灾害类型和情况制订，明确不同地质灾害事件的处置程序和方法，包括预警、疏散、救援、抢险等具体操作步骤，以及各相关部门的协调配合机制。同时，应急处置方案还应考虑人员安全、财产保护、环境保护等因素，确保应急处置工作的全面性和科学性。

再次，建立健全的地质灾害应急响应机制还需要进行应急演练和培训。定期组织地质灾害应急演练，模拟各类地质灾害事件的发生和应对过程，检验应急预案和处置方案的有效性和实用性，提高各相关部门和人员的应急响应能力和水平。同时，开展地质灾害应急培训，提高工程管理单位和相关人员对地质灾害的认识和了解，增强其应对地质灾害的能力和信心。

4. 资料管理与更新

勘察报告中所包含的数据和信息对工程管理具有重要意义，因此，建立完善的资料管理体系是确保工程运行安全和持续性发展的必要步骤。工程管理单位应该重视勘察报告的归档和备份工作，并且随着工程运行过程中地质和水文条件的变化，及时更新和修订勘察报告，以保证资料的及时性和准确性。

首先，建立完善的资料管理体系对于有效管理和利用勘察报告至关重要。工程管理单位应当建立规范的档案管理制度，确保勘察报告能够得到妥善保存和管理。这包括建立档案存储系统，确保勘察报告的存档安全可靠，并且建立检索机制，方便需要时快速查找和获取相关资料。

其次，工程管理单位应该定期对勘察报告进行归档和备份。勘察报告作为工程实施的重要依据，其数据和信息的完整性和可靠性对工程的顺利进行具有至关重要的影响。因此，工程管理单位应确保勘察报告的归档和备份工作得到充分重视，定期进行归档和备份，以防止资料的丢失或损坏，保障工程运行的连续性和稳定性。

同时，随着工程运行过程中地质和水文条件的变化，工程管理单位应当定期对勘察报告进行更新和修订。地质和水文条件的变化可能对工程产生重要影响，因此及时更新和修订勘察报告是保证工程运行安全和有效的重要措施。更新和修订勘察报告需要全面搜集和分析最新的地质和水文数据，重新评估地质灾害风险，对工程设计和施工提供新的依据和指导。

综上所述，建立完善的资料管理体系、定期归档和备份勘察报告，以及及时更新和修订勘察报告，对于确保工程运行的安全性和持续性发展具有重要意义。这一系列的措施不仅有助于保护工程的利益，也有助于提高工程管理效率和水平，推动工程的可持续发展。

参考文献

[1] 王延光，尚新民，芮拥军.单点高密度地震技术进展、实践与展望 [J]. 石油物探，2022，61（4）：571-590.

[2] 郭旭升，刘金连，杨江峰，等.中国石化地球物理勘探实践与展望 [J]. 石油物探，2022，61（1）：1-14.

[3] 程彦，赵镨，汪洋，等.煤矿采区全数字高密度三维地震勘探技术体系建立与发展研究 [J]. 中国煤炭地质，2022，34（6）：66-72.

[4] 张利兵，董守华.煤矿采区地震勘探不同检波器接收试验与分析 [J]. 煤田地质与勘探，2020，48（6）：33-39.

[5] 于杰.叠前去噪技术在煤矿采区全数字高密度三维地震中的应用 [J]. 煤田地质与勘探，2020，48（6）：48-54.

[6] 董守华，黄亚平，金学良，等.煤田高密度三维地震勘探技术的发展现状及趋势 [J]. 煤田地质与勘探，2023，51（2）：273-282.

[7] 曹秀森.地震属性技术在煤矿小断层识别中的应用 [J]. 能源技术与管理，2022，47（6）：169-172.

[8] 高帅，马全明，符新新，等.三维激光扫描技术在地铁隧道调线调坡测量中的应用研究 [J]. 城市勘测，2022（5）：146-148.

[9] 李旭.三维激光扫描技术在地铁隧道竣工测量中的应用 [J]. 测绘通报，2022（6）：166-169.

[10] 宋云记，王智.利用三维激光扫描技术进行地铁隧道施工质量管控及病害监测 [J]. 测绘通报，2020（5）：150-154.

[11] 吴贤国，刘鹏程，王雷，等.基于三维激光扫描地铁运营隧道渗漏水监测及预警 [J]. 土木工程与管理学报，2020，37（1）：1-7.

[12] 吴勇，张默爆，王立峰，等.盾构隧道结构三维扫描检测技术及应用

研究 [J]. 现代隧道技术，2018，55（S2）：1304-1312.

[13] 王鹏举，马锋. 矿山地质灾害勘查方法与防治对策 [J]. 内蒙古煤炭经济，2022（11）：184-186.

[14] 李慧，王欣泉，宗爽. 现阶段我国地质灾害防治工作新思路：中国地质灾害防治工程行业协会"5·12全国防灾减灾日"云服务活动综述 [J]. 中国地质灾害与防治学报，2020，31（3）：5-8.

[15] 薛凯喜，李炀，多会会，等. 地质灾害及其防治的公众认知现状探析 [J]. 中国地质灾害与防治学报，2019，30（5）：113-121.

[16] 杨迁，王雁林，马园园. 2001～2019年中国地质灾害分布规律及引发因素分析 [J]. 地质灾害与环境保护，2020，31（4）：43-48.

[17] 戴金旺. 地质灾害勘查与环境治理的措施探究 [J]. 内蒙古煤炭经济，2022（11）：175-177.

[18] 周保，隋嘉，孙皓，等. 基于多源遥感数据的青海省地质灾害评价 [J]. 自然灾害学报，2022，31（4）：231-240.

[19] 张彦莉. 地质灾害勘查与防治方法研究 [J]. 中国资源综合利用，2022，40（10）：170-172.

[20] 李添，王秀凤，魏海东，等. 崩塌地质灾害防治示范应用：以济南章丘北明村东崩塌点为例 [J]. 山东国土资源，2022，38（9）：50-55.